乡村振兴战略 浙江省农民教育培训丛书

设施蔬菜

Facilities vegetables

浙江省农业农村厅 编

中国农业科学技术出版社

图书在版编目（CIP）数据

设施蔬菜/浙江省农业农村厅编. —北京：中国农业科学技术出版社，2019.10

（乡村振兴战略·浙江省农民教育培训丛书）

ISBN 978-7-5116-4479-4

Ⅰ.①设… Ⅱ.①浙… Ⅲ.①蔬菜园艺－设施农业

Ⅳ.①S626

中国版本图书馆CIP数据核字（2019）第228349号

责任编辑	闫庆健　马维玲　王思文
责任校对	李向荣
出 版 者	中国农业科学技术出版社
	北京市中关村南大街12号　邮编：100081
电　　话	(010) 82106625（编辑室）　(010) 82109704（发行部）
传　　真	(010) 82106625
网　　址	http：//www.castp.cn
经 销 者	各地新华书店
印 刷 者	北京建宏印刷有限公司
开　　本	787mm×1092mm　1/16
印　　张	11
字　　数	180千字
版　　次	2019年10月第1版　2019年10月第1次印刷
定　　价	47.00元

序

习近平总书记指出："乡村振兴，人才是关键。"

广大农民朋友是乡村振兴的主力军，扶持农民，培育农民，造就千千万万的爱农业、懂技术、善经营的高素质农民，对于全面实施乡村振兴战略，高质量推进农业农村现代化建设至为关键。

近年来，浙江省农业农村厅认真贯彻落实习总书记和中央、省委、省政府"三农"工作决策部署，深入实施"千万农民素质提升工程"，深挖农村人力资本的源头活水，着力疏浚知识科技下乡的河道沟渠，培育了一大批扎根农村创业创新的"乡村工匠"，为浙江高效生态农业发展和美丽乡村建设持续走在全国前列提供了有力支撑。

实施乡村振兴战略，农民的主体地位更加凸显，加快培育和提高农民素质的任务更为紧迫，更需要我们倍加努力。

做好农民培训，要有好教材。

浙江省农业农村厅总结近年来农民教育培训的宝贵经验，组织省内行业专家和权威人士编撰了《乡村振兴战略·浙江省农民教育培训丛书》，以浙江农业主导产业中特色农产品的种养加技术、先进农业机械装备及现代农业经营管理等内容为

　　主，独立成册，具有很强的权威性、针对性、实用性。

　　丛书的出版，必将有助于提升浙江农民教育培训的效果和质量，更好地推进现代科技进乡村，更好地推进乡村人才培养，更好地为全面振兴乡村夯实基础。

　　感谢各位专家的辛勤劳动。

　　特为序。

　　　　　　　　　　　　　　浙江省农业农村厅厅长　林健东

内容提要

　　为了进一步提高广大农民自我发展能力和科技文化综合素质，造就一批爱农业、懂技术、善经营的高素质农民，我们根据浙江省农业生产和农村发展需要及农村季节特点，组织省内行业首席专家或行业权威人士编写了《乡村振兴战略·浙江省农民教育培训丛书》。

　　《设施蔬菜》是《乡村振兴战略·浙江省农民教育培训丛书》中的一个分册，全书共分5章，第一章生产概况，主要介绍设施蔬菜概念和浙江省设施蔬菜现状；第二章效益分析，主要介绍蔬菜的食用价值、社会及经济效益和市场前景及风险防范；第三章关键技术，着重介绍主要设施及保护、培育壮苗、栽培管理、土壤管理、施肥管理、病虫害防控、生理障碍防控和贮运加工；第四章选购与食用，主要介绍蔬菜产品的选购和食用方法；第五章典型实例，主要介绍杭州大展农业开发有限公司、杭州萧山舒兰农业有限公司等9个省内农业企业、农民专业合作社及家庭农场从事设施蔬菜生产经营的实践经验。

　　《设施蔬菜》一书，内容广泛、技术先进、文字简练、图文并茂、通俗易懂、编排新颖，可供广大农业企业种植基地管理人员、农民专业合作社社员、家庭农场成员和农村种植大户学习阅读，也可作为农业生产技术人员和农业推广管理人员技术辅导参考用书，还可作为高职高专院校、成人教育农林牧渔类等专业用书。

　　由于编者水平所限，书中难免有不妥之处，敬请广大读者提出宝贵意见，以便进一步修订和完善。

目录 *Contents*

第一章　生产概况

　　设施蔬菜属于高投入、高产出的资金、技术、劳动力密集型产业。近年来，通过优化产区布局，创新生产模式，强化技术集成，培育品牌与主体，形成了多种高效生产方式，实现了大棚设施的全年综合利用。2017年全省设施蔬菜面积180万亩（1亩≈667平方米，15亩=1公顷，全书同），其中设施果用瓜约50万亩，设施草莓约9万亩。

一、设施蔬菜概念

蔬菜是人们日常生活中的重要副食品，所谓"蔬菜"，是指凡是栽培的一二年生或多年生草本植物，也包括部分木本植物和菌类、藻类，具有柔嫩多汁的产品器官，可以佐餐的所有植物均可列入蔬菜的范畴。

设施蔬菜生产是指蔬菜栽培在具有一定的设施结构和材料，能在局部范围改善或创造出适宜的小气候环境，为蔬菜生长发育提供良好的环境条件而进行的有效生产。由于蔬菜设施栽培的季节往往是露地生产难以达到的，故又有反季节栽培、保护地栽培等称谓。采用设施栽培可以达到避免低温、高温、暴雨、强光照射等逆境对蔬菜生长的危害，已经被广泛应用于蔬菜育苗（图1-1）、春提前和秋延迟栽培。设施蔬菜属于高投入、高产出产业，是资金、技术、劳动力密集型产业，发展设施蔬菜是加快产业现代化步伐，转变产业发展方式，保障

图1-1　设施育苗

蔬菜有效供给，实现农民持续增收的重要举措。设施蔬菜发展的速度和发展水平是一个地方农业现代化水平的重要标志之一。

二、浙江省设施蔬菜现状

近年来，浙江省以推进产业供给侧结构性改革为主线，通过优化产区布局，创新生产模式，强化技术集成，培育品牌与主体，着力推进设施蔬菜绿色发展，取得良好成效。2017年全省设施蔬菜瓜果面积180万亩，其中设施果用瓜约50万亩，设施草莓约9万亩。随着基础设施的不断改进和提升完善，设施蔬菜基地生产水平和抗灾能力进一步提高，综合生产和应急保供能力稳步增强。

经过多年来的引导培育扶持和区域布局优化，特色鲜明、品种集中的规模化、专业化设施蔬菜基地不断发展，全省已形成以苍南、嘉善等地为主的设施番茄优势产区，以黄岩为主的设施茭白优势产区，以长兴、富阳、平湖等地为主的设施芦笋优势产区，以建德等地为主的设施草莓主产区。西甜瓜产区则培育形成了以平湖、嘉善为主的浙北产区，以鄞州、慈溪、三门、宁海为主的浙东产区，以温岭、椒江、路桥、乐清、龙湾为主的浙东南产区，以常山、衢江为主的浙西产区。

随着设施蔬菜规模主体的培育发展，精品化生产、品牌化营销发展势头良好，涌现了"尚舒兰"叶菜、"许长"芦笋、"佳惠"芦笋等一批设施蔬菜精品与知名品牌。

经过多年探索实践和应用，浙江省蔬菜设施栽培应用方式主要有保温、避雨、遮阳降温和防虫隔离四种主要应用功能，并由此形成了越冬或春提早保温栽培、春秋季避雨栽培、夏季遮阳降温和防虫隔离栽培等设施蔬菜多茬栽培、单品种长季栽培等高效生产方式，实现了大棚设施的全年综合利用。

第二章　效益分析

　　蔬菜除具有较高的营养价值外，还有防癌功效、瘦身作用和美肤效果，在人类生活中具有重要的基础地位，已成为种植业中除主要粮食作物外的第二大产业；在全球气候变暖、灾害性天气频发的情况下，设施蔬菜栽培依然呈现较好的效益。

一、食用价值

（一）营养价值

蔬菜的营养物质主要包含蛋白质、碳水化合物、矿物质、维生素等，通常这些物质的含量越高，蔬菜的营养价值也越高。此外，蔬菜中的水分和纤维的含量也是重要的营养品质指标。通常，水分含量高、纤维少的蔬菜鲜嫩度较好，其食用价值也较高。但从保健的角度来看，膳食纤维（包括可溶性膳食纤维和不溶性膳食纤维）也是一种必不可少的成分。1990年，国际粮农组织统计人体必需的维生素C的90%、维生素A的60%均来自蔬菜，可见蔬菜对人类健康的贡献之巨大。此外，蔬菜中还有多种植物化学物质是被公认的对人体健康有益的成分，如类胡萝卜素、二丙烯化合物、甲基硫化合物等，许多蔬菜还含有独特的微量元素，对人体具有特殊的保健功效，如番茄中的番茄红素、洋葱中的前列腺素A等。据估计，现今世界上有20多亿或更多的人受到环境污染而引起多种疾病，如何解决因环境污染产生大量氧自由基的问题日益受到人们关注。解决的有效办法之一是在食物中增加抗氧化剂协同清除过多有破坏性的活性氧、活性氮。研究发现，蔬菜中有许多维生素、矿物质微量元素以及相关的植物化学物质、酶等都是有效抗氧化剂，所以蔬菜不仅是低糖、低盐、低脂的健康食物，同时还能有效地减轻环境污染对人体的损害，同时蔬菜还对各种疾病起预防作用。

（二）防癌功效

蔬菜的抗癌功效一直是各国科学家研究的热点。早在1995年，美国生物学家就发现，花椰菜、青花菜等十字花科蔬菜中含有的硫代葡萄糖苷类化合物，能够诱导体内生成一种具有解毒作用的酶，经常食用，可预防胃癌、肺癌、食道癌的发生；而英国科学家则证实了青花菜的抗癌功效。研究人员指出，番茄中的番茄红素能促进一些具有防癌、抗癌作用的细胞因子的分泌，激活淋巴细胞对癌细胞的杀伤作用；同时，研究表明，摄入适量的番茄红素还可降低前列腺癌、乳腺癌等癌症的发病率，对胃癌、肺癌也有预防作用。胡萝卜等蔬菜中的胡萝卜素，食用后于人体内可生成维生素 A，具有稳定上皮细胞，阻止细胞过度增殖引起癌变的作用，能降低肺癌患病率。芹菜含有丰富的纤维素，可促进胃肠蠕动，减少致癌物质在消化道中的滞留时间，减弱了致癌物对机体的侵害。大白菜、南瓜含微量元素钼，可阻止体内致癌物质亚硝胺的合成；南瓜还含有分解亚硝胺的酶。蘑菇所含的纤维素能吸收胆固醇和防止便秘，使肠内有害物质能及早排出体外，对防止高胆固醇血症、便秘和癌症，有一定效果。

（三）瘦身作用

黄瓜中含有的丙醇二酸，有助于抑制各种食物中的碳水化合物在体内转化为脂肪。白萝卜含有辛辣成分芥子油，促进脂肪新陈代谢，可避免脂肪在皮下堆积。花椰菜含丰富的高纤维成分，配合番茄、洋葱、青椒等材料可煲成瘦身汤。低脂、低糖、多粗纤维的竹笋可防止便秘，但胃溃疡者不要多吃。有科学研究指出茄子在一顿正餐中可以发挥阻止吸收脂肪作用，同时蕴含维生素 A 原（胡萝卜素）、维生素 B 及维生素 C，对减肥人士讲是一种好吃又有益的食物。扁豆若配合绿叶菜食用，可以加快身体的新陈代谢。冬瓜含有丰富的蛋白质、粗纤维、钙、磷、铁、胡萝卜素等，可阻止体内脂肪堆积；肥胖者大多水分过多，冬瓜还可以利尿，每天用冬瓜适量烧汤喝可以减肥。芹菜含有类胡萝卜素及维生素 C，但大部分为水分及纤维素，所以热量很低，吃多了不怕胖。紫菜除了含有丰富的类胡萝卜素、维生素 B_1 及维生素 B_2，最重要的就是它蕴含丰富的纤维素及矿物质，可以帮助排走身体内之废物及积聚的水分。西芹含有大量的钙质，可以补"脚骨力"，同时含有丰富的钾素，可减少身体的水分积聚。

（四）美肤效果

真正的美丽往往是吃出来的，特别是多吃一些蔬菜，可以改善人的肌肤状况，让肌肤白皙水嫩。用冬瓜片每日擦摩面部或用冬瓜瓤常常清洗面部，均可使面部皮肤细润滑净及减少黄褐斑，这可能与瓜瓤中含有组氨酸、尿酶及多种维生素、微量元素有关。经常食用蘑菇会使女性雌激素分泌更旺盛，能防老抗衰，使肌肤艳丽；另外，蘑菇中含有人体难以消化的纤维素、半纤维素和木质素，可保持肠内水分平衡，还可吸收余下的胆固醇、糖分，将其排出体外，对预防便秘、肠癌、动脉硬化、糖尿病等都十分有利。黄瓜能清洁美白肌肤，消除晒伤和雀斑，缓解皮肤过敏，是传统的养颜圣品；黄瓜所含的黄瓜酸，能促进人体的新陈代谢，排出毒素。土豆含有丰富的 B 族维生素及大量的优质纤维素，还含有微量元素、蛋白质、脂肪和优质淀粉等营养元素。这些成分在抗老防病过程中有着重要的作用，能有效帮助女性身体排毒；其中含有丰富的维生素 C 让女性恢复美白肌肤。胡萝卜被誉为"皮肤食品"，能润泽肌肤，它所含的 β - 胡萝卜素，可以抗氧化和美白肌肤，还可以清除肌肤的多余角质，对油腻痘痘肌肤也有镇静舒缓的功效；另外，胡萝卜含有丰富的果胶物质，可与汞结合，使人体里的有害成分得以排出，肌肤看起来更加细腻红润。白萝卜是一种常见的蔬菜，生食熟食均可，由于白萝卜含有丰富的维生素 C，能抑制黑色素合成，阻止脂肪氧化，防止脂褐质沉积。多吃豌豆可以祛斑驻颜，《本草纲目》称豌豆具有"祛除黑斑，令面光泽"的功效；豌豆含有丰富的维生素 A 原，这种物质可在体内转化为维生素 A，而维生素 A 具有润泽皮肤的作用；吃豌豆还有消肿、舒展皮肤的功能，能拉紧眼睛周围的皱纹。

二、社会及经济效益

（一）社会效益

蔬菜生产在人类生活中具有重要的基础地位，尤其在农业和农村经济发展中起着十分重要的作用。蔬菜生产产量高、经济效益明显，在大生产、大流通的经济一体化、全球化格局下，蔬菜生产已成为一些经济欠发达地区的支柱产业。目前，蔬菜生产已成为除主要粮食作物外，种植业中的第二大产业，是帮助广大农民脱贫致富的主要支柱产业，是一些地区充满活力的经济增长点之一。

同时，蔬菜生产也是广大城市居民每日必不可少的食用品之一，设施蔬菜生产的不同蔬菜品种，一定程度上均衡了露地蔬菜生产的淡旺季，满足了城市居民对蔬菜的周年要求，保证了社会经济的持续发展。

（二）经济效益

农业设施能打破自然条件的限制，人工控制并创造适于蔬菜生育的栽培环境（图2-1），农业设施温湿度条件好，增温快，保湿性强，气流稳定，栽培条件优越，一年中可多茬次种植，达到提前收获与延后高产的目的。所以，设施蔬菜种类及品种多，产量高、品质好、供应期长，不仅能生产茄果类、瓜类、豆类、叶菜类、根菜类和葱蒜类等各类蔬菜，而且能在蔬菜淡季供应市场。因此，能够获得较高的经济效益。

图2-1 设施创造良好的栽培环境

三、市场前景及风险防范

（一）市场前景

我国目前设施蔬菜总面积仍保持稳定增长态势。2016年设施蔬菜面积5 872万亩，到2020年预计达到6 158万亩。2015年全国蔬菜（含西甜瓜，下同）总播种面积36 824万亩，产量88 421.6万吨，总产值达到17 991.9亿元。其中设施蔬菜的播种面积、产量、产值分别占 23.4％、33.6％和 63.1％。2016 年全国蔬菜播种面积 38 232 万亩，产量 91 834.9 万吨，总产值首次突破 2 万亿元大关，其中设施蔬菜分别占 21.5％、30.5％和 62.7％。设施蔬菜价格好、波动小。从总体价格看，近年来蔬菜价格波动加剧。但从设施蔬菜的主要上市时期看，更显效益稳定。因此，在全球气候变暖、灾害性天气频发的情况下，设施蔬菜栽培依然呈现较好的效益。

（二）风险防范

1. 种植设施与种植结构

很多地方设施蔬菜的发展普遍存在种植设施简陋的问题，只是简单地采用单一化的大棚技术，而且大棚的高度和跨度都不是特别大，具备的采光与保温性能不太好，遇到自然灾害容易出现问题。另外，设施蔬菜的种植结构也不是很合理，农户在选择种植蔬菜种类时只考虑当前的市场需求，而不关注市场的变化。很多农户主要考虑茄果类蔬菜以及瓜类蔬菜，叶菜类蔬菜以及其他种类的蔬菜相对较少，直接导致了种植结构失衡，而种植结构不合理又会引发土地资源浪费，影响农业增效和农民增收。

2. 种植人员科技素质

设施蔬菜的发展要求菜农具备一定的科学技术素质，还要具备应用科技的能力。但是，从当前设施蔬菜的种植状况来看，由于宣传力度不够，很多农民根本没有进行过专业的技术培训，无法全面掌握所种蔬菜的栽培技术，在应对病虫害方面更是有心无力。农民的文化科技素质限制了新技术成果的推广，他们中的大多数仍旧采用的是传统的生产模式，对生产效率的提高产生了很大影响。

3. 市场体系

市场是指引设施蔬菜种植规模与方向的重要因素，但是市场体系不健全又是影响其种植效益的因素。在市场体系还没有完全形成的状态下，没有建立健全的市场法则，如果只是依靠政府的宏观调控，就可能出现市场失灵的状况。此外，市场体系不健全，蔬菜产业链条上各个经营环节的利润分配严重不均衡。再加上蔬菜品种受市场行情波动的影响比较大，就算是生产出质量好的蔬菜产品，也可能会因为销路问题导致经营效益不高。

4. 生产成本持续走高，比较效益滑坡

目前，大城市郊区菜农的平均年龄在 60 岁左右，远离大城市的农区菜农年龄以 55 岁居多，且多数是妇女。劳动力不仅结构劣化，而且成本持续上涨。其次是综合机械化率非常低。整个蔬菜生产的综合机械化率在 20%~30%，设施蔬菜更低。由于机械化程度低，生产用工多就不可避免。再次是资源消耗高，设施蔬菜单位面积的水、肥、药消耗量远高于大田作物，其利用率比大田作物更低，农资的投入也不断增加。所以生产成本上涨对设施蔬菜影响最大的是比较效益下滑。

5. 蔬菜产业组织发展滞后

设施蔬菜生产大多数仍以散户为主，而且相关的社会化服务严重缺失。蔬菜专业合作社大多有名无实，并未真正对设施蔬菜生产进行统一规划、统一农资采购、统一种苗培育、统一病虫防治、统一产品等级标准和统一品牌销售，利益联结机制非常松散，缺乏现代经营销售服务组织。所以整个蔬菜产业组织化程度仍相当低。

第三章 关键技术

　　设施蔬菜种植的关键技术可以分为产前、产中和产后三个阶段，产前技术主要是选择相应的栽培及保护设施、培育壮苗；产中技术主要是设施蔬菜的栽培管理、土壤管理、施肥管理、病虫害防控和生理障碍防控；产后技术主要是贮运加工。

一、主要设施及保护

蔬菜栽培设施包括各类加温、降温、避雨、防虫苗床，塑料中小拱棚、塑料大棚等保温设施和遮阳网、防虫网等越夏栽培设施。其中，塑料大棚性价比较高，温光条件好，经济效益高，应用广泛。

（一）主要设施

1. 塑料中小拱棚（图 3-1、图 3-2）

（1）塑料中小拱棚结构。通常把跨度在 4~5 米、棚顶高 1.5~1.8 米的称为中棚，可在棚内作业，并可覆盖草帘。中棚有竹木结构、钢管或钢筋结构、钢竹混合结构，有设有 1~2 排支柱的，也有无支柱的，面积多为 66.7~133 平方米。

图3-1　塑料中拱棚

小拱棚是浙江省面积最大的简易保护设施，跨度一般为 1.5~2 米，高 0.6~1 米，单棚面积 15~45 平方米，它的结构简单、体积较小、负载轻、取材方便，一般多用轻型材料建成，如细竹竿、毛竹片、荆条、直径 6~8 毫米的钢筋等能弯成弓形的材料做骨架。

图3-2　小拱棚

（2）小拱棚的性能与应用。

①性能：受外部环境温度影响比较大，升降温快。棚内不同部位的温度存在较大的差异。小拱棚透光性能较好，但薄膜的透光率与薄膜的质量、污染、老化程度、膜面吸附水滴等情况有关。棚内空气湿度较高。

②应用：多用于春、秋各类蔬菜作物生产。在生产上一般和地膜覆盖相结合，主要适用于瓜、茄、豆和叶菜的春提早栽培。或用于春、秋各类蔬菜作物育苗。冬季蔬菜越冬保护，或加盖草帘进行耐寒蔬菜的冬季栽培。

③建造：采用毛竹等材料按80~100厘米的间距插成拱架，在拱架上覆盖塑料薄膜即成。

平整土地，施足底肥，深翻后做成1.5~3米平畦，南北行向最好，按80~100厘米的间距插2米长毛竹等材料插成拱架，上盖2米宽农膜，四周压严，棚膜要伸展，东西南北都要伸直，不留褶皱。

（3）中拱棚的性能与应用。中棚是各地普遍应用的简易保护地设施，其性能优于小棚，次于大棚。主要用于春秋蔬菜早熟栽培和育苗，秋季的延后栽培，或加盖草帘进行耐寒蔬菜的越冬栽培。建造参照小拱棚部分。

2. 塑料大棚（图 3-3、图 3-4）

塑料大棚是设施蔬菜栽培的主要设施，在蔬菜生产中已被广泛使用，并取得良好效益。塑料大棚的增温原理是温室效应，即塑料薄膜有良好的透光性，白天阳光能透过薄膜照到棚内，起到增温作用，夜间气温下降时，由于薄膜的不透气性，使热气散发减少，起到保温作用。特别是春季气温回升，昼夜温差大时，塑料大棚增温效果更为明显。

（1）塑料大棚的类型。

①按加温方式划分：一是日光大棚。日光大棚的室内热量仅依靠自然光，不进行人工加温。二是加温大棚。加温大棚的室内有人工加温系统，多用于固定栽培保护地。

②按结构划分：一是单栋大棚。单栋大棚以单体形式设计建造，一般以拱圆式为主。拱圆式大棚建造容易，结构简单，日光入射角度好，抗风雪性能好。二是连栋大棚。连栋大棚是指两个或两个以上的大棚连接成一体，形成一个室内空间的大棚，即拱圆形连栋大棚。

③按使用建筑材料划分。塑料大棚按建筑材料可分为竹木结构、全木结构、全塑结构、钢架结构、混合结构等。钢架结构大棚是用钢管支撑而成的，各种成套管架多用镀锌钢管或钢管涂防锈漆。混合结构大棚除了用竹、木、钢等材料外，还有水泥预制件等多种材料共用于同一个棚。

（2）塑料大棚的结构。

①规格：一是跨度。单栋大棚的跨度在 6~8 米。为了增加安全性，跨度不可过大。二是长度。棚体的长度，短的为 10~30 米，长的可达百米，一般在 30~50 米。三是高度。大棚的高度包括栋高和檐高。在不影响蔬菜生长发育和管理操作的条件下，要尽量降低棚高。人工操作的大棚高度较低，一般在 2~3 米；有机械设备或进行无土栽培的大棚，棚高常在 3.0~4.2 米，肩高在 2.0~2.5 米。四是单栋面积。单栋面积在 200~800 平方米，常见面积为 180~360 平方米。

②大棚走向：在地块条件允许的情况下，周年生产或连栋式的大棚常采用南北走向。

（3）塑料薄膜及其覆盖。

①塑料薄膜的种类与性能：常用的塑料薄膜有以下两种。一是聚氯乙烯（PVC）棚膜。此种棚膜具有良好的透光性，但吸尘性强，易

图3-3　8米钢架大棚

图3-4　拱圆形大棚结构简单，抗风雪性能好

受污染，膜上易附着水滴，透光率下降快。夜间保温性能比聚乙烯膜强，而且耐高温日晒，抗张力、伸张力强，较耐用。二是聚乙烯（PE）棚膜。此种棚膜透光性强，不易吸尘，耐低温性能好，耐高温性能差，相对密度轻。其夜间保温性能不及PVC膜，常出现夜间棚温逆转现象。近年来还示范推广EVA高保温膜、PEP膜、PO高透明无滴膜等新型覆盖材料。

②塑料薄膜的覆盖方式：大棚的棚身最好由一片顶膜和两片裙膜组成。顶膜和裙膜相叠30~35厘米，裙膜围绕在大棚四周，覆盖在拱架立柱外侧的下部。

③塑料薄膜的固定：薄膜固定部件有压膜线、卡具和特制固定件。广泛应用的有塑料压膜线、压膜卡槽和C形卡3种。为了固定塑料薄膜或压牢薄膜上的草帘、压膜线等，常在大棚顶部安装拉线挂钩，在棚檐下基柱外侧埋设地锚钩。

3. 夏季保护设施

（1）遮阳网（图3-5）。遮阳网又称遮阴网，是以优质聚烯烃为原料，经加工制作而成的一种重量轻、强度高、耐老化、体积小、使用寿命长的网状农用覆盖材料。夏秋高温季节利用遮阳网覆盖进行蔬菜生产或育苗，具有遮光、降温、抗暴风雨、减轻病虫害等功能，已经成为夏秋淡季生产克服高温的一种有效的栽培措施。

①种类：目前生产中使用的遮阳网有黑、银灰、白、黑绿等颜色，遮光率在30%~90%，幅宽90厘米、150厘米、160厘米、200厘米、220厘米不等。生产上应用最多的是35%~65%的黑网和65%的银灰网。

②性能：覆盖遮阳网能够削弱光强，有效防止强光照对蔬菜造成的负效应。同时，显著地降低了地温和近地面气温，有利于高温季节喜凉蔬菜的正常生长。遮阳网的降温防风作用降低了覆盖区和外界的气体交换速度，明显地提高了空气的相对湿度。进行地面覆盖时，有效地减少地面水分蒸发，能起到保墒降地温的作用。夏季高温季节遮阳网覆盖于棚架上，可以避免暴风雨等对植株的冲击损害，雨点的冲击力只有外界的1/50。另外，晚秋或早春用遮阳网进行夜间保温覆盖，可以保持近地面温度，防止和减轻霜冻为害。实践证明，利用遮

图3-5 遮阳网

阳网覆盖栽培，植株生长健壮，抗逆性增强，病毒病的发病率明显降低，一般可以减轻50%以上。盛夏使用遮阳网的菜地，蔬菜纹枯病、病毒病、青枯病等病害的发生明显减轻，蚜虫的发生率是无遮阳网的10%左右，其他害虫特别是迁飞性害虫的数量也大大减少，有利于蔬菜的无公害生产。

③覆盖方式和应用：一是浮面覆盖。也叫直接覆盖或畦面覆盖，主要用于夏秋季节蔬菜播种后或定植后，将遮阳网直接盖在播种畦或作物上，避免中午前后强光直射，又能获得傍晚短时间的"全光照"，出苗后不徒长，有利于齐苗和壮苗，出苗率和成苗率可以提高20%~60%，待齐苗或定植苗移栽成活后立即揭网。在冬季或早春，为防止蔬菜受霜冻寒流侵袭，也可将闲置的遮阳网覆盖于秋冬及早春的蔬菜上，以达到防冻、增产的目的。二是小拱棚覆盖。在小拱棚架上用遮阳网全封闭或半封闭覆盖，根据天气情况，合理揭盖。可以用于芹菜、甘蓝、花菜等出苗或定植后防暴雨遮强光栽培，或茄果类、瓜类等蔬菜越夏栽培、育苗，或萝卜、大白菜、葱蒜类蔬菜的早熟栽培。三是平棚覆盖。用角铁、木桩、竹竿、绳子搭成简易的水平棚架，上用小竹竿、绳子或铁丝固定遮阳网，棚架高度和栽培畦宽度可

依照需要而定。早、晚阳光直射畦面，有利于光合作用，防徒长，中午防止强光，多为全天候覆盖，可以用于各种蔬菜的越夏栽培。四是大（中）棚覆盖。通常利用6~8米跨度的棚架，保留大棚顶部棚膜，拆除底脚围裙，将遮阳网直接盖在棚顶上，可以将遮阳网两侧均固定于骨架进行固定式覆盖，或一侧固定进行活动式覆盖，也可以在棚内进行悬挂式覆盖。这种覆盖方式多用于甘蓝、芹菜等的夏季覆盖育苗或栽培。

④使用注意事项：根据遮阳网覆盖目的采用适宜的覆盖方法。7月至9月中旬是主要覆盖期，晴天气温为30~35℃时，上午9时盖，下午4时揭；气温高于35℃时，上午8时盖，下午5时揭。晴天盖、阴天揭，大雨盖、小雨揭。菠菜、莴笋、乌塌菜等耐寒、半耐寒叶菜冬季覆盖，宜选用银灰色遮阳网保温防霜冻，日揭夜盖；芹菜、芫荽、甘蓝和葱蒜类等喜冷凉蔬菜夏秋季生产，宜选用遮光率较高的黑色遮阳网；喜光的茄果类、瓜类、豆类等夏秋季生产直选用银灰色遮阳网；防蚜虫、病毒病最好选用银灰网或黑灰配色遮阳网覆盖；全天候覆盖的，宜选用遮光率低于40%的遮阳网或黑、灰配色网；夏秋季育苗或缓苗短期覆盖，多选用黑色遮阳网覆盖，育苗后期要卷起网炼苗。

（2）防虫网（图3-6）。防虫网是以高密度聚乙烯为主要原料，经拉丝编织而成的一种形似窗纱的新型覆盖材料，具有抗拉强度大、抗紫外线、耐腐蚀、耐老化等性能。利用防虫网覆盖栽培能有效地

图3-6　防虫网

防止虫害的发生，是实现夏季蔬菜无公害栽培的有效措施之一。

①种类：目前防虫网按照网格大小有 20 目、24 目、30 目、40 目等，目数越大，网格越小；幅宽有 100 厘米、120 厘米、150 厘米等规格。使用寿命为 3~4 年，颜色有白色、银灰色等。蔬菜生产过程中，为了防止害虫迁飞，以 20 目、24 目最为常用。

②覆盖方式：根据覆盖的部位，可以分为完全覆盖和局部覆盖两种类型。完全覆盖是指利用温室或大棚骨架，用防虫网将其完全封闭的一种覆盖方式。局部覆盖只在通风口门窗等部位设置防虫网，在不影响设施性能的情况下，达到防虫效果。防虫网覆盖前应对温室大棚用药剂彻底熏蒸消毒，切断设施内的虫源。

③性能：防虫网可以有效地防止菜青虫、小菜蛾、蚜虫等害虫迁入棚内，抑制了虫害的发生和蔓延，同时有效地控制了病毒病的传播。另外，由于其网眼小，可以防止暴雨、冰雹等对蔬菜植株的冲击，并且具有一定的保湿作用。结合覆盖遮阳网，还具有遮光降温的功能。

④防虫网应用：夏季速生蔬菜：白菜、苋菜、生菜等叶菜是城乡居民夏秋喜食的蔬菜，生长快，周期短，水分高，易腐烂，不便长距离运输。露地栽培叶菜，易受台风暴雨袭击，生产不稳，影响产量和市场供应，而且，露地生产虫害多，农药污染严重。防虫网覆盖栽培，台风暴雨经防虫网阻挡后，变成蒙蒙细雨，减轻对植株的冲刷，保护土壤结构，使植株健康生产，确保稳产。

瓜果类蔬菜栽培：茄果类、瓜类、豆类等夏秋蔬菜防虫网覆盖栽培，有效防治蚜虫、病毒病及鳞翅目昆虫等成虫为害。

秋菜育苗：甘蓝类、茄果类、榨菜及芥菜等蔬菜秋季育苗正处于高温暴雨期，育苗难度大，采用防虫网覆盖育苗，可减轻病虫害为害，还可使秧苗免受暴雨袭击，减轻苗床土壤板结和肥料流失，提高成苗率。

4. 其他简易设施

（1）电热温床。电热温床是指育苗时，将电热线布设在苗床床土下 8~10 厘米处，对床土进行加温的育苗设施。电热温床由育苗畦、隔热层、散热层、床土、保温覆盖物、电热加温设备等几部分组成。

电热加温设备主要包括电热线、控温仪、交流接触器和电源等。电热线由电热丝、引出线和接头三部分组成。电热丝为发热元件，采用低电阻系数的合金材料，为了防止折断，用多股电热丝合成。引出线为普通的铜芯电线，基本不发热。为了避免因为人工控制温度而出现误差，可以使用控温仪来自动地调节土壤的温度。将电热线和控温仪连接好以后，将感温触头插入苗床中，当温度低于设定值时，继电器接通，进行加温；当苗床内的温度高于或等于设定值时，继电器断开，停止加温。交流接触器的主要作用是扩大控温仪的控温容量。当电热线的总功率小于2 000瓦（电流10安培以下）时，可以不使用交流接触器，而将电热线直接连接到控温仪上。当电热线总功率大于2 000瓦（电流10安培以上）时，应将电热线连接到交流接触器上，由交流接触器与控温仪相连接。电热温床主要使用220伏交流电源。当功率电压较大时，也可以使用380伏电源，并选择与负载电压相同的交流接触器连接电热线。

①性能和应用：使用电热温床能够提高地温，并可以使近地面气温提高3~4℃。由于地温适宜，幼苗根系发达，生长速度快，可以缩短苗龄7~10天。与其他温床相比，电热温床结构简单，使用方便，省工、省力，一根电热线可以使用多年。如与控温仪配合使用，还可以实现温度的自动控制，避免地温过高造成的危害。缺点是比较费电。

电热温床主要用于冬春蔬菜作物育苗，以瓜果类蔬菜育苗应用较多。

②使用注意事项：电热线只用于苗床上加温，不允许在空气中整盘做通电试验用；电热线的功率是额定的，严禁截短或加长使用；两根以上电热线连接需要并联，不可以串联；每根电热线的工作书面声明电压必须是220伏；为了确保安全，电热线及其和引出线的接头最好埋入土中，在电热温床上作业时，需要切断电源，不能带电作业；从土中取出电热线时，严禁用力拉扯或铲刨，以防损坏绝缘层；不用的电热线要擦拭干净，放到阴凉处，防止鼠虫咬坏；旧电热线使用前，需要进行绝缘检查。

（2）地膜。地膜覆盖是指用塑料薄膜紧贴在地面上进行覆盖的一种栽培方式，增产效果可以达到20%~50%，在世界各地广泛应用（图3-7）。

图3-7　地膜覆盖

　　①覆盖方式：一是高畦覆盖。菜地整地施肥后，将其做成底宽1.0~1.1米，高10~12厘米，畦面宽65~70厘米，沟宽30厘米以上的高畦，然后每畦上覆盖地膜。二是双膜小拱棚覆盖。双膜小拱棚覆盖即畦面播种后铺上一层地膜，或在地膜覆盖后定植蔬菜，然后在蔬菜播种或定植处支高和宽各30~50厘米的小拱架，再将一层地（农）膜盖在拱架上，形似一小拱棚。待蔬菜长高顶到膜上后，将地（农）膜和支架撤除。

　　②性能和应用：一是提高地温。由于透明地膜易透过短波辐射，而不易透过长波辐射，同时由于地膜的气密性可以减少土壤水分蒸发时的热损耗。因此，白天太阳光大量透过地膜而使膜下地温升高，并不断地向下传导而使下层土壤增温。夜间土壤长波辐射不易透过地膜而比露地土壤放热少，所以，地温高于露地。二是保墒防涝降湿。地膜覆盖可以减少土壤水分蒸发，较长时间地保持土壤水分的稳定。设施蔬菜栽培，由于地膜覆盖减少了地面水分蒸发和浇水次数，使棚内空气湿度降低，大大减轻了病害的发生与传播。三是改善土壤性状，提高肥力。地膜覆盖减少了土壤水分蒸发，从而也减少了随水分带到土壤表面的盐分，能防止土壤返盐。加之所具有的增温保墒和保持土壤通透性的作用，因而有利于微生物的增殖，加速腐殖质的分解，有利于根系吸收。四是增加近地面光照。地膜本身具有反射光线的作

用，另外，由于热气蒸腾的作用，在膜下形成一层微细的水滴膜，反光增强，从而增加了近地面光照，有利于植株的光合作用。

由于地膜覆盖具有优良的生产性能，因而在冬春季蔬菜设施生产中广泛应用，取得了明显的增产效果。同时，地膜覆盖也存在一些不足之处，如高温期易造成地温过高，影响根系的发育，使植株早衰。因此，如生育后期遇高温，应揭开或划破地膜。另外，地膜下有较好的温光条件，易杂草丛生而把地膜顶起，与蔬菜争夺养分，人工除草费工费力。可以通过提高覆膜质量来减轻杂草为害。连年地膜覆盖，残存的旧膜会造成严重的污染，影响下茬作物的耕作和生长。因此，生产结束后，应尽量清除旧膜，运出田外，集中回收。

5. 冬春增温设备

（1）热风机。通过热风机进行增温。在市面上购买热风机，放置在棚内，根据吹出来的热风，起到增温的效果，注意温度不要调得太高，如果过高，也会影响蔬菜生长。

（2）白炽灯（图3-8）。点灯泡可以温度、光照同时补充，可促进光合作用，操作简单，使用方便、经济实用。白炽灯应该选择60~100瓦，不能功率太高，否则灯泡周围温度过高、光照过强，导

图3-8　白炽灯增温

致灯泡周围蔬菜灼伤。使用灯泡的时间应该遵循当地白天的光周期，不要随意打乱光周期。夜晚长时间进行照明，以避免扰乱蔬菜的开花结果。

另外使用灯泡，注意悬挂高度，最好悬挂在后道，而且点灯泡的时候，一定要有人在棚室内，避免出现短路等现象，导致火灾。

（二）设施保护

1. 棚体骨架

由于大棚常年处于高温高湿的环境条件下，承重零件的防腐能力就成为影响大棚使用寿命的重要因素之一。因此，需要定期对大棚主要骨架进行维护。

对使用螺栓连接的骨架，要经常检查螺栓的松紧程度，以防止因经常使用而引起螺栓的松动现象，焊接骨架要检查焊点是否开裂，一旦发现应即时补焊。对于一些没有镀锌处理的金属构件，可以定期涂抹防锈漆来延长结构的寿命。

钢材骨架凸处或整个骨架用布包扎，以防磨破棚膜。方法是可用废旧的布条或无纺布条将其缠绕大棚内所有的钢管支架上，将钢管与棚膜隔开，避免棚膜与钢管接触，同时用尼龙绳将布条捆绑固定，避免布条脱落。其作用一是防摩擦损坏棚膜，二是钢管不会受到太阳直射导致温度过高，避免棚膜存在被烫起皱或破裂的危险。

2. 棚内立柱

在塑料大棚内，立柱的主要作用是支撑拱杆，防其弯折。受塑料大棚建造的制约，一旦棚内立柱出现折断，重新更换立柱的难度比较大。因此如果仅仅是立柱出现轻微断痕，可采取在其一旁增设加固短立柱的办法进行保护。另外，对于无立柱大棚而言，随着其使用年限的增加，这类大棚的骨架易发生变形，应在棚内相应位置增添立柱，支撑住变形的骨架。

3. 附属设施

（1）卷帘机保养。卷帘机经过一个冬天的使用，在夏季空闲时正好可以进行维修保养。检查各个传动部位的运转情况，如影响使用应及时更换；检查各紧固件的松紧情况，发现松动要及时拧紧。夏季相对来说雨水偏多，应对卷帘机进行遮挡，防止日晒雨淋，避免生锈，并对主机的传动部分添加润滑油，延长使用寿命。

（2）棚膜保养。在经常使用下，棚膜破损也是难以避免的，但应注意及时的修补。修补的方法可以用透明胶带将撕裂处黏结，也可以使用专用覆膜胶修补，还可以一定破损范围再覆盖一层新覆膜。

温室大棚所选用的聚氯乙烯无滴防老化膜，一般可以使用两季。大棚不用的时候应及时将棚膜收取放在阴凉处保管，在上茬蔬菜收获后应及时将薄膜小心地从棚架上撤下。撤下后，用软布和软刷轻轻将其擦洗干净，不要长时间浸泡和揉搓。洗净后，于阴凉通风处将其晾干再卷成卷收藏。不要叠放，以免其折损、粘连。贮存时，不要在其上放重物和注意防鼠。

如果不收取，夏季应在棚膜上加盖无纺布或遮阳网等防晒材料。

二、培育壮苗

育苗是蔬菜栽培的重要环节，除部分根菜类、豆类和绿叶蔬菜采用直播方式外，大多数蔬菜都可以采用育苗的栽培方式。

（一）育苗方式

1. 土床育苗

土床育苗又称畦土中直播育苗，将苗床翻耕整平，浇足底水，在床面上直接播种。或在苗床上铺一层育苗营养土，一般播种床铺 5~8 厘米厚，分苗床铺 10~12 厘米厚。将种子直接播种在畦面上，然后覆土、浇水，盖上地膜或稀疏稻草保温、保湿，待 30% 左右的种子出土后，及时揭去畦面覆盖的地膜或稻草。

2. 营养钵育苗（图 3-9）

（1）营养钵。用黑色聚乙烯材料制作的上大下小的圆锥形钵器。一般钵高 6~10 厘米，上口直径 6~10 厘米，下口直径 4~6 厘米，钵壁厚 0.2~0.3 毫米，底部中间有一个漏水孔。可多次重复使用。

（2）育苗营养土的配制。营养土应疏松、团粒结构好、既透气又保水保肥、无病虫和杂草种子，不带病菌，而且要满足苗期对氮磷钾各种营养的需要。现已有专业化的育苗基质供应商，可直接选购装钵

图3-9　营养钵育苗

即可，但利用商品基质进行营养钵育苗的成本较高。

3. 营养块育苗（图 3-10）

营养土块可用熟土或河塘泥制作，具体的方法是先选定床址，挖深约 15 厘米的坑，倒入风化熟土 10~12 厘米，耙平，加一层厚约 5 厘米的腐熟厩肥，浇适量水，拌匀、压实、整平，待土稍干发白时用制钵机制作或按 10 厘米见方切块，在土块中央捣小孔，放入少量的培养土，就成为可以播种育苗的营养土块，适用于大苗或小苗带土移植。关键是要掌握营养土的松紧度，要求制作的营养土块松而不紧，

图3-10　营养块育苗

保证根系的生长，而移植时不致破碎伤根。

4. 穴盘育苗（图 3-11）

穴盘育苗采用商品育苗基质一次装盘，无须配备营养土，既适合集约化育苗，又能用于分户生产，与传统的营养钵育苗相比，基质穴盘育苗具有显著的优越性。

综合考虑生产成本、投入费用、配套设施和技术管理水平等因素，以下几类蔬菜适合采用穴盘技术。

（1）十字花科蔬菜。包括西蓝花、花椰菜、甘蓝和春大白菜等。

（2）瓜类蔬菜。瓜类蔬菜种类多，全年的种植季节较长，可充分利用育苗设施，分期分批进行。

（3）茄果类蔬菜。茄果类蔬菜无论哪个季节栽培，均可以采用穴

图3-11　穴盘育苗

盘育苗，目前茄果类蔬菜普遍采用这种穴盘育苗方式。

（4）其他蔬菜。早春低温期的毛豆等育苗，可采用穴盘育苗移栽，确保齐苗壮苗；芹菜和莴苣（包括生菜）在夏秋季节种植，适宜穴盘育苗；芦笋也适合穴盘育苗。

（二）育苗设施

苗床应选择在地势高燥，地下水位低，排灌方便，无土传病害，向阳、平坦的地块，能保证水电的正常供应。一般每平方米苗床可育蔬菜秧苗 100~300 株（营养钵或营养块育苗），采用穴盘育苗时，每平方米的育苗数量要多得多，如采用 72 孔穴盘育苗，每平方米苗床可培育 475 株秧苗。应根据育苗数量合理设置苗床面积。

1. 育苗棚架及覆盖材料（图 3-12）

冬季育苗一般采用大棚作为育苗棚，在大棚内制作苗床，在苗床上再加设小拱棚，气温较低时加盖中棚，形成多层覆盖保温，必要时为增加夜间保温性，可再用草帘、无纺布等材料作保温覆盖物盖在大棚内的小拱棚上。

图3-12 育苗棚架

大棚外采用厚度为0.06~0.08毫米的多功能无滴防老化农用塑料薄膜，具有透光、保温、保湿、防风和膜面无水滴等功能。夏季可在大棚内育苗，也可在小拱棚中育苗，并根据需要采用黑色遮阳网、银色防虫网作棚架覆盖材料，起到遮阳、降温、挡雨、防虫等作用。

2. 育苗床（图 3-13）

有条件的通常采用育苗床架育苗，以方便管理，减轻劳动强度。也可采用下陷式苗床育苗，在大棚或小拱棚内的畦面制作苗床，苗床宽115厘米（略长于2个穴盘的长度之和），苗床较畦面低15~20厘米，床面整平，苗床长度依棚长度和育苗数量而定，一般应根据电热线长度确定苗

图3-13 育苗床

床单元的长度。床底铺设地布隔离地面，阻止穴盘苗根系向土壤中生长，以免根系扎入土壤易传播病菌及移栽时损伤根系。高温季节可以在苗床底部先铺设一排废弃的穴盘（穴孔向下），以利降温。

3.电热温床

冬季穴盘育苗需要加温，可整个棚内加温，但为节约成本，也可采用苗床上制作电热温床加热。可先做好下凹3~4厘米且底面平整的苗畦，畦底铺地布（床架育苗的直接铺在床架上），上覆1~2厘米基质作隔热层，上铺电热丝，按设定功率布线，一般线距8~10厘米。铺线时要遵循床两侧稍密，中间稍疏的原则，严格防止电热丝碰在一起。电热丝要拉直，然后安装控温仪。铺好电热丝后要先通电检查是否能正常工作，检查正常后再铺上育苗基质，然后再摆放营养钵或穴盘，边上用土封牢，覆膜，减少水分蒸发。

（三）穴盘与基质

1.穴盘（图3-14）

蔬菜塑料标准育苗穴盘的外形为长54厘米×宽28厘米×高4.8~5.8厘米，孔穴数分为32孔、50孔、72孔、128孔、200孔、288孔等多种。育苗生产中应根据蔬菜种类、秧苗的大小、不同季节生

图3-14 穴盘

长速度、苗龄长短等因素来选择适当的穴盘，并与播种机、移栽机等相配，以兼顾生产效能与秧苗质量。如葫芦、茄子、番茄等可选择72孔、50孔甚至32孔的穴盘；生菜、甘蓝类、辣椒等普通蔬菜育苗可用128孔穴盘；芹菜可采用200孔或288孔的穴盘。穴盘可重复使用，再用应进行消毒处理，可选用多菌灵500倍液浸泡12小时或用

高锰酸钾1 000倍液浸泡30分钟，也可用福尔马林（40％甲醛溶液）、漂白粉溶液，在使用前洗净晾干。

2. 育苗基质

（1）质量要求。良好的育苗基质应具有保肥保水能力强；良好的通透性，基质不易分解；适宜且相对稳定的酸碱度；适宜的营养（包括电导率、EC值）。

（2）基质配比。目前用于穴盘育苗的基质材料主要是草炭、蛭石和珍珠岩三种物质进行适当的配比。还可以就地取材，利用农业生产中的一些废弃物，如食用菌生产废弃物、竹木加工废弃物、玉米秸秆等，将这些废弃物与常用基质成分按一定比例配合。商品育苗基质一般都添加了基质润湿剂、缓效性营养启动剂等调节物质，还进行了酸碱度调节和灭菌消毒处理，使基质有更好的使用性能。

（3）基质消毒。包装良好的商品育苗基质一般不需要消毒。如自配基质，或商品育苗基质存放时间较长、存放场地潮湿受潮不清洁，可能感染滋生病菌时，在使用之前应采用福尔马林等化学药剂或多菌灵等杀菌剂进行消毒处理。

为了育苗安全，提倡采用商品基质育苗。

（四）播种育苗

1. 播种方式

蔬菜播种方式分为撒播和穴播两种。

（1）撒播。将种子均匀地撒播于畦面，其上覆薄土一层。一般用于生长期短、营养面积小的绿叶菜类（如芹菜、不结球白菜等）、葱蒜类等，也多用于假植育苗的茄果类、甘蓝类等蔬菜的播种。

（2）穴播。采用营养钵、穴盘育苗的蔬菜均进行穴播。

2. 播种期

播种期的确定应根据不同蔬菜的定植期、育苗条件和技术而定。气温低时育苗期相应延长，平原地区播种育苗要早一些，山区温度低则播种育苗要晚一些，大棚早熟栽培设施条件好、管理水平高的，可适当提前播种育苗，提早上市，否则适当推迟。

3. 播种量

播种量的多少，要依据土壤、天气、病虫、育苗方式等情况，适当增加0.5~4倍（表3-1）。

表3-1　主要蔬菜穴盘育苗用种量

蔬菜种类	每亩用种量（克）
白菜类、生菜、莴苣	25~50
青花菜、芥菜、甘蓝、花椰菜	15~30
瓠瓜	100~150
南瓜	60~100
黄瓜	50~100
苦瓜	100~150
西葫芦	200~250
丝瓜、冬瓜、芹菜	50~100
茄子、辣椒	10~30
番茄	10~20
芦笋	200~300

4. 种子处理

（1）浸种。一般采用温汤浸种，所用水温为病菌致死温度55℃，用水量为种子量的5~6倍。浸种时种子要不断搅拌，并随时补给温水保持55℃水温。经15分钟后，降低水温，喜凉蔬菜降至20~22℃，喜温蔬菜降至25~28℃。然后洗净附着于种皮上的黏质，以利种子吸水和呼吸。浸种后进行催芽处理。在土壤温度适宜于发芽时，可以不浸种，而只进行种子药剂消毒。

（2）种子药剂处理。

①药粉拌种：一般取种子重量0.3%的杀虫剂和杀菌剂，与干种子混合拌匀。

②药水浸种：先把种子放在清水中浸泡5~6小时，然后浸入药水中，按规定时间消毒。捞出后，用清水冲洗种子，即可播种或催后播种。药水浸种的常用药剂有：福尔马林、1%硫酸铜水溶液和10%磷酸三钠等。

③催芽：温度、氧气和水分是催芽的重要条件（表3-2）。用透气

性好的布包裹种子，包内种子要保持松散状态，种子表面附着的水分要甩干。催芽期间每隔4~5小时松动包内种子，换气一次，并使包内种子换位。种子量大时，每隔20~24小时用温热水洗种子一次，清除黏液，以利种皮进行气体交换。洗完种子后沥干水分松散装包，继续进行催芽。胚芽锻炼，种子在"破嘴"时给予1~2天0℃以下的低温锻炼，能提高抗寒能力，加快发育速度。

表3-2　主要蔬菜种子发芽适宜温度和催芽时间

类别	发芽适宜温度（℃）	催芽时间
黄瓜	30	1天
冬瓜	32	3天
南瓜、丝瓜	32	17~20小时
番茄	30	3天
茄子、辣椒	30	4~5天
结球甘蓝、花椰菜	20	1天
芹菜	20	5天
莴苣	22	16小时

5. 穴盘播种

（1）基质预湿与装盘。将基质加水调节湿度至最大持水量的60%~85%（用手捏挤有少量水渗出，放下不散块），一般国产育苗基质每50千克加水3~4千克，进口基质要稍多些，堆置2~3小时，使水分分布均匀，但仍保持松散状态，不产生结块。把预湿好的育苗基质装入育苗穴盘中，稍压实，使每个孔穴都充满基质，松紧适中，孔穴底部无空隙，装盘后穴盘表面格室清晰可见。

（2）压播种穴。用压穴模板在装好育苗基质的穴盘表面的每个穴孔上压出直径1~1.5厘米、下凹约1厘米的圆形播种穴；也可将装好基质的育苗穴盘（孔穴数相同）上下重叠4~5盘，上面放一只空盘，用力均匀下压，让每个穴孔内的育苗基质下陷0.5~1厘米。

（3）播种、覆盖与浇水。每穴播一粒种子，瓜类等品种的种子要平放。为防止少量种子不发芽或不出苗，可以适当多播几盘作补苗备用。播后盘面用原基质或蛭石覆面，以减少播种穴水分蒸发，刮去多余的基质使基质与穴盘格室相平。第一次浇水要充分浇透，以穴盘底孔出现渗水为宜，或采用浸湿法，将播种后的穴盘轻轻放在水池上，使穴盘基质吸收水分，待穴盘表面基质湿润、穴盘尚未被水浸没前将穴盘取出，沥干水分后摆放在苗床中出苗或置于催芽室催芽。

（4）出苗、补苗。采用催芽室出苗的，将播入种子的育苗穴盘放入催芽室，调控温湿度，待60%的种子出苗时立即把育苗穴盘移至苗床上进行出苗管理。不采用催芽室出苗的，直接把育苗穴盘摆放在苗床上，低温季节在育苗穴盘表面盖一层地膜保温保湿，高温季节在育苗穴盘表面覆盖透明地膜加2~3层遮阳网降温保湿，待30%的种子出苗后，及时揭去盘面覆盖物（地膜、遮阳网等），适当通风降湿。在子叶展开至2张真叶时，及时用健壮苗进行补缺补弱，保证每穴一株健壮苗。

（五）苗期管理

1. 温度管理

不同蔬菜的幼苗对温度的要求不同，同一种蔬菜幼苗在不同的生长阶段对温度的要求也不相同。一般掌握"两高两低"的原则，即播种后至出苗前温度高些，为加速出齐苗，白天充分见光提高床温，夜间覆盖保温，使出苗快而整齐；出苗后揭去地膜，"戴帽"的瓜苗、豆苗要及时人工去壳，到第一片真叶展开前适当降低苗床温度，防止秧苗徒长形成"高脚苗"；子叶展开真叶长出后，适当提高温度促进生长，移栽前一周适当降低温度进行炼苗，床温可降低至15℃，并逐渐降低温度和揭膜通风炼苗，以提高适应性和抗逆性，使秧苗健壮，移栽后缓苗时间短，恢复生长快。

2. 肥水管理

不同种类的蔬菜秧苗生长对水分的要求不同，黄瓜根系少，分布浅，叶片蒸发量大，对水分的要求比较严格。茄子秧苗生长对床土水分的要求比番茄秧苗的要求高，只有在保水性较好的基质中育苗，才能培育壮苗。一般适于蔬菜育苗的含水量为基质持水量的60%~80%较为适宜。苗床浇水量和浇水次数应视育苗期间的天气和秧苗生长情况而定，在穴盘基质发白时补充水分，每次喷匀浇透。夏天掌握早上温度低时浇水为宜，防止中午植株凋萎，傍晚浇水则容易造成植株拔高徒长；冬春育苗期间浇水一般宜干不宜湿，应尽量控制湿度，在中午温度高时浇同温水，以降低棚内湿度，防止幼苗徒长和病害发生，阴雨天、日照不足和湿度高时不宜浇水。畦床边缘的穴盘周边要用床土封实，防止穴盘边缘较快失水。

育苗期间一般不需要追肥，如育苗后期缺肥或苗龄延长，可结合病虫防治喷施 0.3% 尿素及 0.2% 磷酸二氢钾溶液。如遇强冷空气影响时，除采取闭棚保暖、傍晚加盖小拱棚、覆盖遮阳网或无纺布等保温措施外，苗床应停止浇水，控制营养钵内水分含量，低温来临前两天再喷一次 0.2% 磷酸二氢钾溶液，以提高植株抗逆性。

3. 光照管理（图 3-15）

冬春育苗时，光照弱，气温低，苗床内应尽量增加光照，如使用新农膜可增加透光率，提高温度，促进幼苗生长。在苗床温度许可情况下，小拱棚膜要尽量早揭晚盖，延长光照时间，降低苗床湿度，改善透光条件。即使遇到连续大雪、低温等恶劣天气，在保持苗床温度不低于 16℃ 的情况下，也要利用中午温度相对较高时通风见光降低湿度，不能连续遮阳覆盖。瓜类、茄果类育苗根据光照强弱进行人工补光，一般每 10 平方米苗床用白炽灯泡 300 瓦左右，挂于小拱棚的横杆上，在 10:00—14:00 时间段进行补光。在久雨乍晴的天气下，苗床温度会急剧升高，秧苗会因失水过快而发生生理缺水，出现萎蔫现象，不宜马上揭膜见光通风，并用喷雾器在幼苗上喷水雾，缓解萎蔫程度，并覆盖遮阳网。夏秋育苗时，光照强度大，气温高，可覆盖遮阳网遮阳降温，减少土壤

图3-15 光照管理

設施蔬菜/Sheshi Shucai

水分蒸发量，并勤盖勤揭，晴天上午盖，15时后和阴雨天揭，以培育健壮秧苗。另外，蔬菜苗床上的日照时间长短对幼苗的生长发育有着重要影响，特别是瓜类蔬菜。如黄瓜多数品种属于短日照植物，在夜温低（15~17℃）的条件下，每天8~10小时的短日照有利于黄瓜花芽分化，促进黄瓜雌花节位降低，雌花数量增加；而在10小时以上长日照和夜温高（18℃以上），则黄瓜雄花增多。因此，对于夏菜黄瓜育苗，当黄瓜第一片真叶展开后，要通过揭盖覆盖物来控制日照时间在8~10小时之间，促进多长雌花，为早熟丰产打下基础。

4. 病虫害防治

早春育苗因苗床温度低、湿度大，易发生猝倒病、炭疽病等多种病害，除尽量降低棚内湿度、增加光照外，可喷药防病；如连续低温弱光阴雨天气不能喷药，可用"一熏灵"熏蒸。小拱棚内禁止使用以防药害。注意蚜虫防治，移栽前喷药追肥，做到带肥带药下田。

5. 壮苗特征

壮苗表现为苗龄正常适当偏小，秧苗生长整齐，大小一致，茎秆节间粗短壮实，叶片较大而肥厚，叶色正常，根系密集颜色鲜白，根毛浓密，根系裹满育苗基质，形成结实根坨，无病虫害，无徒长。

6. 穴盘育苗常见问题

穴盘育苗常见问题及对策（表3-3）。

表3-3　穴盘育苗常见问题及对策

常见问题	问题分析	对策
不发芽或发芽率低	浇水过多、基质过湿，引起沤根、缺氧、种子腐烂，或夏天高温高湿，冬天温度过低	选择合格可靠的基质，根据种子发芽要求供应适宜的水分和温度，控制浇水，夏天防止高温高湿，冬季育苗进行必要的加温
	种子萌动后缺水导致胚根死亡	选择质量可靠的基质，根据种子发芽条件要求供应适宜的水分
	种子质量问题	确保种子质量
成苗率低	病虫害	加强防治
	肥害、药害	合理施肥、施药；发生肥害、药害后采取穴盘浸水或喷洒清水缓解症状
	浇水不及时，过干，或浇水时水流过大	控制水分，合理浇水

(续表)

常见问题	问题分析	对策
长势不均匀，一般穴盘边缘的植株生长势弱于穴盘中央植株	穴盘边缘水分散失快且不易浇透水，易干，肥料不足	穴盘边上封牢，提高保水性，加强日常水肥管理，做到均匀一致
	泥炭一旦干燥就很难再次浇透，造成穴盘边缘水分亏缺，苗长势弱	合理配比介质，如掺入适量的蛭石、珍珠岩
	穴盘摆放不当，造成浇水不方便、不均匀	穴盘均匀摆放，必要时调整位置，确保肥水、光照均匀
僵苗或小老苗	缺肥	注意施肥
	经常缺水	注意浇水
	喷药时施药工具有矮壮素等残留	使用矮壮素后仔细清洗喷药工具
早花	环境恶劣，缺肥、缺水、苗龄过长等	提供适宜的环境条件，根据需要适当施肥，及时浇水，控制播种期，保证适宜的苗龄
徒长	氮肥过多	平衡施肥
	挤苗	选择合适的穴盘规格，控制苗龄
	光照不足	阴雨天气尽可能加强光照，增加昼夜温差、控水，必要时人工补光
	水分过多、过湿	合理控制水分和湿度
顶芽死亡或叶色失常	缺硼、缺钙等缺素症	增施硼肥、钙肥
	缺钾会引起下部叶片黄化，易出现病斑，叶尖枯死，下部叶片脱落	增施钾肥
	缺铁会引起新叶黄化	补充铁肥，或施用叶面肥增施微量元素
	pH 值不适引起叶片黄化	浇水时注意 pH 值的调节
	蓟马等虫害为害	注意防虫

三、栽培管理

（一）环境调控

农业设施为蔬菜的生长发育提供了必要的基础，但是它们并不能完全满足蔬菜生产的环境条件，必须通过人工调节，才能达到高产高效的目的。

1. 温度调控（图 3-16）

半耐寒蔬菜、耐寒蔬菜、耐寒的多年生宿根蔬菜能耐低温，适宜生长温度在 15~30℃。而喜温蔬菜生长最适温度为 20~30℃。几种常见蔬菜的温度要求如表 3-4 所示。

图3-16 温度调控

表3-4 几种蔬菜作物对温度的要求（白天至夜晚）（℃）

蔬菜种类	适应范围	最适宜温度	最低温度
黄 瓜	10~40	25~32	10~18
西葫芦	8~32	22~25	10~15
丝 瓜	10~40	25~30	14~18
番 茄	8~32	20~27	14~16
茄 子	8~35	20~30	14~18
辣甜椒	10~35	23~28	14~18
菜豆（芸豆）	13~35	20~25	15~20
豇豆（豆角）	13~35	20~30	15~20

农业设施内温度的调控包括保温、加温和降温3个方面。温度调控要求达到能维持适宜于作物生育的设定温度，温度的空间分布均匀，变化平缓。在温度管理方面，需要特别注意土壤（根系）温度及昼夜温差。

（1）增温。

①设施加温：传统的大棚或温室，大多采用煤或炭火加温，近年来大型连栋温室多采用锅炉水暖加温或地热水暖加温，也有采用热水或蒸汽转换成热风的加暖方式。不管采用何种加温方法，都要注意节省能耗，使升温柔和，热量分布均匀，以满足整个设施蔬菜群的要求。

②临时加温：塑料大棚大多没有加温设备，少部分使用热风炉短期加温，对提早上市提高产量有明显效果。用液化石油气经燃烧炉的辐射加温方式，对大棚防御低温冻害也有显著效果。用木炭、电力等临时加温措施，对大棚生产抵御连续阴雨雪天气等低温自然灾害的作用十分明显。

（2）保温。一般棚内外温度可相差 2~8℃。冬季为防止热量扩散，晚上可加铺草席、草帘，增加保温覆盖的层数，采用隔热性能好的保温覆盖材料，以提高设施的气密性。

①减少贯流放热和通风换气：主要采用外盖膜、内铺膜、起垄种植再加盖草席、草毡子、纸被或棉被等方法来保温。

②增大保温比：适当减低农业设施的高度，缩小夜间保护设施的散热面积，有利提高设施内昼夜的气温和地温。

③增大地表热流量：增大保护设施的透光率，使用透光率高的玻璃或薄膜，经常保持覆盖材料干洁。减少土壤蒸发和作物蒸腾量，增加白天土壤贮存的热量，土壤表面不宜过湿，进行地面覆盖也是有效措施。

（3）降温。高温季节的降温，需要的设备投资大，运行成本高，目前仍是一大难题。一般性的降温是在低温季节的白天出现高温时进行。

①通风：打开通风换气口或开启换气扇进行排气降温。大棚通风降温不能一次开启全部通风口，而是先开 1/3 或 1/2，过一段时间后再开启全部风口。可将温度计挂在设施内几个不同的位置，以决定不同位置通风量大小。

②遮光降温：夏天光照太强时，可以用旧薄膜或旧薄膜加草帘、遮阳网等遮盖降温。遮光 20%~30% 时，室温相应可降低 4~6℃。

③屋面洒水降温：在设备顶部设有孔管道，水分通过管道小孔喷于屋面，在整个屋顶外面不断喷雾湿润，使屋面下冷却了的空气向下对流，使室内降温。

④屋内喷雾降温：一种是由设施侧底部向上喷雾，另一种是由大棚上部向下喷雾，应根据蔬菜的种类来选用。

设施蔬菜种类及生长发育阶段不同，对温度要求也不同，可调节蔬菜在农业设施中的栽培位置，以适应其要求，如靠热源处温度高，近门窗处温度低等。

2. 湿度调控（图 3-17）

设施内的湿度环境，包含土壤湿度和空气湿度两个方面。

（1）土壤湿度的调控。设施内土壤湿度的调控应当依据蔬菜种类及生育期的需水量、体内水分状况、土壤质地和湿度以及天气状况而定。目前，设施蔬菜栽培的土壤湿度调控仍然依靠传统经验，主要凭人的观察感觉，调控技术的差异很大。随着设施蔬菜向现代化、工厂化方向发展，要求采用机械化自动化灌溉设备，根据蔬菜各生育期需水量和土壤水分张力进行土壤湿度调控。

图3-17　湿度调控

常用的灌溉方式有：

①喷灌法：采用全园式喷头的喷灌设备，安装大棚顶部 2.0~2.5 米高处。也有的采用地面喷灌，即在水管上钻有小孔，在小孔处安装小喷嘴，使水能平行地喷洒到蔬菜的上方。

②滴灌法：滴灌是通过安装在毛细管上的滴头把水一滴滴均匀而又缓慢地滴入植物根区附近的土壤中，借助于土壤毛细管力的作用，使水分在土壤中渗入和扩散，供植物根系吸收和利用。

（2）空气湿度的调控。

①降低空气湿度的方法：一般棚内湿度比棚外高 20％左右。通风除湿和加温除湿是有效措施之一，湿度的控制既要考虑作物的同化作用，又要注意病害发生和消长的临界湿度，保持叶片表面不结露，就可有效控制病害的发生和发展。覆盖地膜和采取膜下滴灌即可减少由于地表蒸发所导致的空气相对湿度升高。据试验，覆膜前夜间空气湿度高达 95％~100％，而覆膜后，则下降到 75％~80％。

②增加空气湿度的方法：喷雾加湿，喷雾器种类很多，可根据设施面积选择。湿帘加湿，主要是用来降温的，同时，也可达到增加室内湿度的目的。温室内顶部安装喷雾系统，降温的同时也可加湿。

3. 光照调控

（1）增加光照。主要方法：一是选择优型设施和塑料薄膜设施。调节好屋面的角度；选用强度较大的材料，适当简化建筑结构；选用透光率高的薄膜，选用无滴薄膜、抗老化膜。二是适时揭放保温覆盖设备。保温覆盖设备早揭晚放，揭开时间通常在日出 1 小时左右；覆盖时间一般太阳落山前半小时。三是清扫薄膜。每天早晨，用笤帚或布条、旧衣物等捆绑在木杆上，将塑料薄膜自上而下地把尘土和杂物清扫干净。四是选用无滴、多功能或三层复合膜。五是在建材和墙上涂白，用铝板、铝箔或聚酯镀铝膜作反光幕。六是在地面铺设聚酯镀铝膜，将太阳光反射到植株下部和中部的叶片和果实上。七是人工补光。一般用电灯，要模拟自然光源，具有太阳光的连续光谱。

（2）遮光。一些喜阴或半阴性蔬菜品种的生长以及一些蔬菜的花芽分化时的光周期控制，需要进行遮光。遮光主要有两个目的：一是减弱蔬菜设施内的光照强度；二是降低设施内的温度。喜阴的蔬菜品种一般采用部分遮光处理，可在温室上部，用草帘、遮阳网等覆盖以减弱光照。而育苗时，一般采用完全遮光，即用黑色塑料薄膜覆盖，同时要注意通风、降温。遮光时要严密，防侧面散射光和破损处透光，一般从16:00—18:30开始，到翌晨7:00—9:30结束，保证持续暗期不少于16小时。

遮光方法有如下几种：覆盖各种遮阴物，如遮阳网、无纺布、草帘、竹帘等；玻璃面或塑料薄膜上部涂白可遮光50%~55%，降低室温3.5~5.0℃；屋面流水可遮光25%，遮光对夏季蔬菜栽培尤为重要。

4. 气体调控

设施内空气流动不但对温、湿度有调节作用，并且能够及时排出有害气体，同时，补充二氧化碳对增强作物光合作用，促进生育有重要意义。

（1）二氧化碳调控。主要指人工方法来补充二氧化碳供植物吸收利用，通常称为二氧化碳施肥。二氧化碳来源和调控施用方法很多，但须考虑蔬菜生产的实际情况选用。

①增施有机肥：增施有机肥，一吨有机物最终能释放出1.5吨左右二氧化碳。

②施用固体二氧化碳：一是施用固态二氧化碳。在常温常压下干冰变为二氧化碳气体，1千克干冰可以生成0.5立方米的二氧化碳。二是施用二氧化碳颗粒肥料。每亩用量40~50千克。沟施时沟深2~3厘米，均匀撒入颗粒，覆土1厘米。穴施时穴深3厘米左右，施后覆土1厘米。

③施用液态二氧化碳：液态二氧化碳是用酒厂的副产品二氧化碳加压灌入钢瓶而制成。使用时，把钢瓶放在设施内，在减压阀口上安装直径1厘米的塑料管，管上每隔1~3米，用细铁丝烙成一个直径2毫米的放气孔，近钢瓶处孔小些、稀些，远处密些、大些。把塑料管固定在离棚顶30厘米的高度，用气时开阀门，每天放气6~12分钟。

④燃料燃烧产生二氧化碳：一是通过二氧化碳发生器燃烧液化石油气、天然气产生二氧化碳，再经管道输入保护地。二是燃烧煤和焦炭产生二氧化碳。三是燃烧沼气产生二氧化碳，有沼气的地区选用燃烧比较完全的沼气炉或沼气灯，用管道将沼气通入保护地燃烧，即可

产生二氧化碳，简便易行，成本低。

⑤化学反应法产生二氧化碳：目前，应用的方法有：盐酸—石灰石法、硝酸—石灰石法、硫酸—石灰石法、盐酸—碳酸氢钠法、硫酸—碳酸氢钠法、硫酸—碳酸氢铵法。其中，硫酸—碳酸氢铵法是现在应用较多的一种方法。原料为化肥碳酸氢铵和93%~98%的工业浓硫酸，将浓硫酸按体积1:3比例稀释，方法是将3份水置于陶瓷容器内，然后边搅边将1份浓硫酸沿器壁缓慢加入水中，搅匀，冷却至常温备用。产气装置可用成套设备，也可用简易装置。

（2）预防氨气和二氧化氮气体为害。

①正确使用有机肥：有机肥需经充分腐熟后施用，磷肥混入有机肥中，增加土壤对氨气的吸收。施肥量要适中，每亩一次施肥不宜超过10立方米。

②正确使用氮素化肥：不使用碳酸氢铵等挥发性强的肥料。施肥量要适中，每亩一次不宜超过25千克。提倡土壤施肥，不允许地面撒施，施肥后及时浇水，使氨气和二氧化氮更多地解于水中，减少散发量。如果地面施肥必须先把肥料溶于水中，然后浇施。

③覆盖地膜：覆盖地膜可减少气体的散放量。

④加大通风量：施肥后适当加大放风量，尤其是当发觉设施内较浓的氨味时，要立即放风。

⑤经常检测设施内水滴的pH值：检测设施是否有氨气和二氧化氮气体产生，可在早晨放风前用pH试纸测试膜上水滴的酸碱度，平时水滴呈中性。如果pH值偏高，则偏碱性，表明室内有氨气积累，要及时放风换气。如果pH值偏低，表明室内二氧化氮气体浓度偏高，土壤呈酸性，要及时放风，同时，每亩施入100千克的石灰提高土壤的pH值。

（3）预防一氧化碳和二氧化硫气体为害。主要措施：一是设施燃烧加温用含硫量低的燃料。不选用不易完全燃烧的燃料。二是燃烧加温用炉具要封闭严密，不使漏气，要经常检查。燃烧要完全。三是发觉有刺激性气味时，要立即通风换气，排出有毒气体。

（4）预防塑料制品产生的气体。主要措施：一是选用无毒的设施专用膜和不含增塑剂的塑料制品，尽量少用或不用聚氯乙烯薄膜和制品。二是尽量少用或不用塑料管材、筐、架等，并且用完后及时带出室外，不能在室内长时间堆放，短期使用时，也不要放在高温以及强光照射的地方。三是室内经常通风排出异味。

各种环境条件对蔬菜生长的影响方式和作用程度不同，既相互关联，又相互消长，对环境条件的调控要综合考虑，合理采用各项措施，相互配合，才能达到较好的效果。

（二）田间管理

1. 整地作畦（图3-18）

整地作畦是指通过农具的物理作用，改善土壤的耕层结构和地面状况，协调土壤中水、气、肥、热等因素，为作物播种出苗、根系生长创造条件。包括土壤翻耕、地面平整、作畦（垄、沟）和设置灌排沟渠等多项作业。

耕作时需要注意：不要将生土翻上来，遵守"熟土在上，生土在下，不乱土层的原则"；深耕不需要每年进行，可深浅结合；深耕应结合施用大量的有机肥；深耕的深度应结合具体茬口和土壤特性决定，土层厚时，可适当深耕，土层浅时，可适当浅耕，根菜类、果菜类宜深耕；叶菜类宜稍浅耕。深耕应在秋茬蔬菜收获后进行。

根据当地的气候条件、土壤条件和作物种类的不同，栽培畦可作成低畦或高畦。低畦是指畦面低于地面，即畦间走道比

图3-18　整地作畦

地面高的栽培畦形式，低畦有利于蓄水和灌溉，适用于地下水位低、排水良好、气候干燥的地区。高畦是为排水方便，畦面凸起的栽培畦形式，适合于降水量大且集中的地区。

2. 移栽定植

育苗的蔬菜，当秧苗达到定植标准以后，从苗床移栽到田间，称为定植。

（1）定植时期。一般10厘米土温在5~10℃时定植。果菜类抢早定植，安全定植指标是10厘米土温不低于10~15℃，并且不受晚霜的危害。在安全的前提下，提早定植是争取早熟高产的重要环节。

（2）定植方法。

①明水定植法：整地作畦后，按要求的株行距开定植沟（穴），沟内栽苗，然后浇明水。此法浇水量大，地温降低明显，适于高温季节。

②暗水定植法：按株行距开沟（穴）灌水，水渗下后栽苗封沟覆土。此法用水量小，地温下降幅度小，表土不板结，透气好、利于缓苗，但较费工。

定植深度一般以子叶露出土表为宜。利用嫁接苗栽培时，嫁接口必须高出土面3厘米以上。

（3）定植密度。定植密度因蔬菜种类和栽培方式而异，例如爬地生长的蔓性蔬菜定植密度宜小，直立生长或支架栽培的蔬菜密度可适当增大；对一次性采收肉质根或叶球的蔬菜，为提高个体产量和品质，定植密度宜小，而以幼小植株为产品的绿叶菜类为提高群体产量，定植密度宜大；对于多次采收的茄果类及瓜类，早熟品种或栽培条件不良时密度宜大，晚熟品种或适宜条件下栽培时定植密度宜小。同一种类的不同品种由于其植株生长量、开展度等存在显著差异，在定植时应予考虑。

3. 松土除草

中耕松土，能增强根系的呼吸作用和植株蒸腾作用，同时，促进根毛与土壤中的矿质元素的交换，这能促进根对矿质元素的吸收。

中耕松土，注意不宜太深、太碎、太平。松土结合除草，待杂草萎蔫后可覆盖地表土，既可防暑降温，又可保水保肥。松土时要注意防止伤及根系。

人工除草，主要是指人工中耕除草。人工中耕除草针对性强，不但可以除掉行间的杂草，而且可以除掉株间的杂草，干净彻底，技术简单，既可以防除杂草，又能给蔬菜作物提供了良好生长条件。在蔬菜作物生长的整个过程中，根据需要可进行多次人工中耕除草，除草时要抓住有利时机除早、除小、除彻底，不能留下小草，以免引起后患。

4. 水分管理

（1）主要方式。

水分管理主要有浇水、灌水、滴灌和喷灌，设施蔬菜建议采用滴灌或喷灌。

①滴灌：滴灌是通过输水管道和滴灌管上的滴孔（滴头），使灌溉水缓缓滴到蔬菜根际。这种方法不破坏土壤结构，同时能将化肥溶于水中一同滴入，省工省水，能适应复杂地形，尤其适用于干旱缺水地区。

②喷灌：喷灌是采用低压管道将水流雾化喷洒到蔬菜或土壤表面。喷灌雾点小，均匀，土表不易板结，高温期间有降温、增湿的作用，适用于育苗或叶菜类生产。但喷灌易使植株产生微伤口，加之高温高湿，易导致真菌病害的发生。

（2）合理灌水。

①根据季节、气候变化灌水：低温期尽量不浇水、少浇水，可通过勤中耕来保持土壤水分。必须浇水时，要在冷尾暖头的晴天进行，最好在中午前浇完。高温期间可通过增加浇水次数，加大浇水量的方法来满足蔬菜对水分的需求，并降低地温。高温期浇水最好选择在早晨，避免傍晚浇水。

②根据土壤情况灌水：土壤湿度是决定灌水的主要因素，缺水时应及时灌水。对于保水能力差的沙壤土，应多浇水，勤中耕；对于保水能力强的黏壤土，灌水量及灌水次数要少。

③根据蔬菜的种类、生育期和生长状况灌水：对白菜、黄瓜等根系浅而叶面积大的种类，要经常灌水；对番茄、茄子、豆类等根系深且叶面积大的种类，应保持畦面"见干见湿"；对速生性叶菜类应保持畦面湿润。种子发芽期需水多，播种要灌足播种水；根系旺盛生长

时，要求土壤湿度适宜，水分不能过多，以中耕保墒为主，一般少灌或不灌；地上部分功能叶及食用器官旺盛生长时需大量灌水。始花期，既怕水分过多，又怕过于干旱，所以多采取先灌水后中耕。食用器官接近成熟时期一般不灌水，以免延迟成熟或裂球裂果。根据叶片的外形变化和色泽深浅、茎节长短、蜡粉厚薄等，确定是否灌水。如黄瓜，如果早晨叶片下垂，中午叶萎蔫严重，傍晚不易恢复，甘蓝、洋葱叶灰蓝，出现表面蜡粉增多，叶片脆硬等状态，说明缺水，要及时灌水。

5. 植株调整

植株调整是通过整枝、打杈、摘心、支架、绑蔓、疏花疏果等措施，人为地调整植株的生长和发育，使营养生长与生殖生长、地上部和地下部生长达到动态平衡，植株达到最佳的生长发育状态，促进其产品器官的形成和发展。同时，还可以改变田间蔬菜群体结构的生态环境，使之通风透光，降低田间湿度，以减少病虫害的发生。

（1）整枝、摘心和打杈。

①整枝：果菜类蔬菜栽培中，在植株具有足够的功能叶时，为控制营养生长，减少养分消耗，清除多余分枝，以促进果实发育。

②摘心：摘心是除掉顶端生长点。对于无限生长类型的番茄以及瓜类蔬菜，一般均需要摘心，但摘心的时间、部位等应根据植物种类、栽培方式确定。如番茄一般在保留足够数量的花序后，在最后一个花序以上留2~3叶摘心。

③打杈：植株在具有足够的功能叶时，多次进行清除多余分枝或腋芽，可减少养分消耗。

（2）摘叶、束叶。

①摘叶：在植株生长期间摘除病叶、老叶、黄叶，有利于植株下部通风透光，减轻病害的发生和蔓延，减少养分消耗，促进植株生长发育良好。

②束叶：束叶是大白菜、花椰菜的一项管理措施。大白菜生长后期，将其外叶束起，促使包心紧实、叶球软化，并能保护叶球免遭冻害；花椰菜的花球形成中后期时，将近球叶片束起或折弯盖在花球上，使花球洁白，品质提高。但束叶不能过早进行，否则会影响光合

作用。

（3）支架、牵引、绑蔓。

①支架：对不能直立生长的蔬菜，如黄瓜、番茄、菜豆等，利用支架进行栽培，可增加栽植密度，充分利用空间和土地。常见架形有人字架、四脚架、篱架、直排架和棚架等。

②牵引：牵引是指设施栽培中对一些蔓性、半蔓性蔬菜进行攀缘引导的方法。将牵引绳索的一端固定在架顶，另一端固定在根部，把植株环绕在牵引绳索上。也可采用攀爬网栽培与利用大棚骨架攀爬栽培。

③引蔓绕蔓（图3-19）：对于攀缘性较差的黄瓜、番茄等蔬菜，利用固定夹、绑蔓枪、麻绳、稻草、塑料绳等将其茎蔓固定在架竿。麻绳、稻草、塑料绳等生产中多采用"8"字形绑缚，可防止茎蔓与架竿发生摩擦。绑蔓时松紧要适度，既要防止茎蔓在架上随风摆动，又不能使茎蔓受伤或出现缢痕。

图3-19　引蔓绕蔓

（4）压蔓、茎下落盘蔓。

①压蔓：压蔓是将爬地生长的蔓性蔬菜的部分茎节压入土中，以促进不定根的发生，增加吸收面积，防止大风吹动，使植株在田间排列整齐，茎叶均匀分布。

②茎下落盘蔓：设施内为减少架杆遮阳，多采用吊蔓栽培。对于黄瓜、番茄、菜豆等无限生长型蔬菜，茎蔓长度可达3米以上，为保证茎蔓有充分的空间生长和便于管理，可根据果实采收情况随时将茎蔓下落，盘绕于畦面上，使植株生长点始终保持适当的高度。

（5）疏花疏果和保花保果。

①疏花疏果：对于以营养器官为产品的蔬菜，应及早除去花器，以减少养分消耗，促进产品器官形成，如马铃薯、大蒜等；以较大型果实为产品的蔬菜，选留少数优质幼果，除去其余花果，靠集中营养、提高单果质量、改善品质来增加效益，如冬瓜、番茄等，要注意选留最佳结果部位和发育良好的幼果。

②保花保果：当植株的营养来源不够花和果实所需时，一些花和果实会自行脱落，当植株营养状况良好时，如外界环境对受精过程不适宜，也会刺激体内ABA水平的提高而导致落花落果甚至落叶。因此，对于设施栽培中易落花落果的蔬菜，如茄果类、瓜类等，宜采取保花保果的措施，以提高坐果率。保花保果（促进坐果）的方法包括人工授粉、蜜蜂授粉、植物生长调节剂（如防落素、氯吡脲）处理等。

（三）茬口安排

地理位置、气候差异、蔬菜对环境因素的需求和交通运输以及市场需求等各种因素的影响，导致各地蔬菜的供应与上市期在一年四季出现不均衡的现象，甚至出现明显的旺季与淡季。为了改变蔬菜供应和上市的这种旺季与淡季的不均衡状况，逐步实现全年供应，在生产中要求通过合理安排不同种植方式、不同蔬菜种类和品种的茬口，尽可能地实现"淡季不淡、旺季不旺"、增产增效的目标。

1. 蔬菜的种植方式

蔬菜的种植方式是指在一定时间内、在一定土地面积上，各种蔬菜安排布局的方法。它包括扩大复种面积，采用轮、间套作等技术来安排蔬菜栽培的次序并配合以合理的施肥、灌溉和土壤耕作。

（1）轮作。轮作是指在同一块土地上，按照一定年限轮换种植不同类型的蔬菜。通称换茬或倒茬。轮作可有效地避免连作的危害，是合理利用土壤肥力、减轻病虫害的有效措施。

多数绿叶菜类的轮作年限为 1~2 年，白菜类、根菜类、葱蒜类和薯芋类蔬菜为 2~3 年，茄果类、豆类和瓜类蔬菜为 3~4 年。

蔬菜轮作时应注意：一是同类蔬菜不宜进行轮作，如同科属蔬菜、产品器官相同蔬菜、根系类型相同蔬菜等。二是要有利于改善栽培环境。三是轮作的形式要多样化，如同类蔬菜不同类型间轮作，逐区、逐块进行轮作等。

（2）连作。连作又称重茬，是指同一块土地上，连年种植相同蔬菜的种植方式。

连作危害：同类蔬菜连续种植，造成土壤中某一种或某几种养分吸收过多或过少，使土壤中养分不平衡；同类蔬菜根系深浅相同，致使土壤各层次养分利用不合理；同类蔬菜有共同的病虫害，病原菌或虫卵越冬后翌年发病严重；某些蔬菜的根系能分泌出有机酸和某些有毒物质，改变土壤结构和性质，不利于保持土壤肥力，导致植株生长不良。

蔬菜连作应注意：一是选用耐连作的蔬菜种类和品种；二是选用抗病虫品种；三是选用配套的栽培方式，如无土栽培或嫁接栽培方式等；四是要有配套的生产管理技术，如土壤消毒技术、土壤改良技术、配方施肥技术以及合理灌溉技术等结合进行。

（3）间作与套作（图 3-20）。将两种或两种以上的蔬菜隔畦或隔行同时有规律地种植在同一块菜地的种植方式为间作。在某种蔬菜的栽培前期或后期，于其行间或畦间种植另一

图3-20　间作套作

种蔬菜的种植方式为套作。合理的间套作，就是将两种或两种以上的蔬菜，根据其不同的栽培习性组成一个复合群体，通过合理的群体结构，使单位面积内植株总数增加，并能有效地利用光能与地力、时间与空间，造成"互利"的环境，甚至减轻病虫杂草为害。

安排蔬菜间套作应注意：一是以主要蔬菜为主，保证其对肥水、温光的需求；二是蔬菜搭配要合理，应选择形态、生态及生育期长短不同的蔬菜进行搭配；三是要有配套的技术措施，如宽窄行种植、蔬菜育苗移栽、加大肥水投入等。

（4）混作。混作是将两种或两种以上不同种类的蔬菜混合播种于同一地块并且共生的种植方式，由于管理复杂，应用较少。

2. 设施蔬菜茬口布局

蔬菜种类、品种繁多，生长期长短不一，许多蔬菜对光周期不敏感，只要温度适宜，一般均可以种植。因此，设施蔬菜茬口布局类型多，地区之间由于小气候、栽培习惯、消费需求不同，形成了数以百计的茬口布局方式。这里选择若干进行简要介绍。

（1）早春大棚茄果类蔬菜—叶菜—秋延后瓜类蔬菜。早春大棚辣椒、茄子在10月中下旬播种育苗，番茄于11月播种，均在2月上中旬至3月上旬定植，6月下旬至7月上旬采收结束并进行清园。叶菜（青菜、毛毛菜、苋菜）则可随时播种，每茬生育期30~45天。秋延后瓜类蔬菜于7月中下旬至8月中旬播种育苗，8月中旬至9月上旬定植，12月前采收结束。

（2）早春大棚瓜类蔬菜—叶菜—秋延后茄果类蔬菜。早春大棚瓜类蔬菜于1月上旬用电热温床育苗，2月上旬冷床播种育苗，2—3月定植，6月底至7月初采收结束。叶菜（青菜、毛毛菜、苋菜）则可随时播种，生育期30~45天，然后再种种植秋延后蔬菜，茄果类蔬菜于7月上中旬播种育苗，8月中旬前后定植，并延后采收供应到12月。

（3）早春大棚瓜类蔬菜—秋延后茄果类蔬菜。早春瓜类蔬菜于1月上旬电热温床育苗或2月上旬冷床育苗，2—3月定植，6月下旬至7月初采收结束。秋延后茄果类蔬菜于7月上中旬播种育苗，8月中旬前后定植，并延后采收供应到12月。

（4）早春大棚蕹菜—二茬小白菜—二茬秋冬芹菜。早春大棚蕹菜2月上旬直播栽培，6月上中旬采收结束；6月中旬至7月中旬随即播种一季小白菜，7月中旬到8月中旬重茬播种一季小白菜，每茬的生育期约30天。7月初异地播种育苗早秋芹菜，8月中旬定植，9月下旬开始收获上市，待收获结束后接着种植一茬秋冬芹菜，并一直收获到翌年2月。

（5）大棚早春辣椒—夏季育苗—秋延后瓜类。早春大棚辣椒在10月中下旬至11月上旬播种，翌年2月上中旬定植，7月上旬采收结束。夏季甘蓝、花菜、瓜类等育苗，30~45天。秋延后瓜类蔬菜于7月中下旬至8月中旬播种育苗，8月中旬至9月上旬定植，12月前采收结束。

（6）早春大棚豆类—叶菜—秋辣椒（瓜类、青花菜）—萝卜。早春大棚豆类于2月上旬播种育苗或直播，6月采收结束。叶菜可随时播种，生育期30~45天。秋延后茄果类蔬菜（如辣椒）于7月中旬播种，8月中旬定植，12月前采收结束；瓜类蔬菜于7月中下旬播种育苗，8月上中旬定植，10—11月采收结束。或者青花菜于7月中旬播种，8月中旬定植，12月采收结束，接茬的越冬萝卜可于12月进行直播栽培。

（7）绿叶蔬菜（如苋菜或小青菜）/矮生菜豆—小白菜—西（甜）瓜—雪里蕻。绿叶蔬菜1月上旬播种，矮生菜豆2月上旬播种于行间，4月中旬开始收获。小白菜6月上中旬播种。7月上中旬收获。小西（甜）瓜7月上旬播种，7月下旬至8月上旬定植，9月下旬开始采收。雪里蕻10月上旬播种，12月采收。

（8）瓜类—早花菜（甘蓝、小白菜）—青蒜。瓜类蔬菜在12月中旬至翌年1月播种，6月上中旬采收结束。早花菜（甘蓝、小白菜）于6月下旬至10月中旬进行播种栽培。青蒜在8月中旬至12月播种栽培。

（四）产品采收

1. 采收时期

采收时期主要由蔬菜种类以及市场需求所决定。

（1）不同蔬菜的采收期。一般以成熟器官为产品的蔬菜，其采收期比较严格，要待产品器官进入成熟期后才能采收。而以幼嫩器官为产品的蔬菜，其采收期则较为灵活，根据市场价格以及需求量的变化，从产品器官形成早期到后期可随时进行采收。

①茄果类蔬菜（图3-21）：番茄用于远途运输或贮藏，果皮由炒米色时采收；用于第二天上市，果皮1/4左右着色时采收；用于当天上市，果皮全部变成持有颜色时采收；用于留种或作果酱，果肉已变软时采收。

图3-21 樱桃番茄采收期

辣椒作青椒采收，可在果实充分肥大，皮色转浓，果皮坚实而有光泽时采收。作红椒采收，应在果实全部变红时采摘，要求早期果、病秧果宜早收，先分次采收，最后整株拔下。

判断茄子果实是否适于采收，可以看茄子萼片与果实相连接的地方，如有一条明显的白色或淡绿色的环状带，是表明果实正在快速生长，组织柔嫩，还不适宜采收。若这条环状带已趋于不明显或正在消失，则表明果实已停止生长，应及时采收。

②瓜类蔬菜（图3-22）：黄瓜长度和粗度长到一定大小，表皮颜色深绿未硬化；黄瓜生长中前期收的瓜条应顶花带刺时进行采摘，要求根瓜宜早收。

用于贮藏的冬瓜在果面茸毛消失、果皮暗结或白粉满布时采摘，要求采收时留果柄。

苦瓜在开花后12~15天采收。果实条状或瘤状突起较饱满，果皮有光泽，果顶色变淡时剪摘。

图3-22　黄瓜采收期

③其他蔬菜：大白菜、结球甘蓝、花棚菜等蔬菜，一般在叶球、花球紧实期进行采收。大葱、大蒜等鳞茎类蔬菜一般在鳞茎发育充分，进入休眠前期进行采收。根菜类、薯芋类、水生蔬菜、莴笋等蔬菜一般在成熟期或进入休眠期前进行采收。绿叶菜类一般在茎、叶盛长期后，组织老化前进行采收。豌豆表面应由暗绿转为亮绿时采收。

（2）市场需求及销售方式。

①市场需求：一般蔬菜供应淡季，一些对采收期要求不严格的嫩瓜、嫩茎以及根菜、叶菜的收获期可以提前，以提早上市，增加收入。进入蔬菜旺季，各种蔬菜的收获期往往比较晚，一般在产量达到最高期后开始采收，以确保产量。

②销售方式：如番茄等成熟果为产品的蔬菜，如果采后就地销售，一般可在果实达到生理成熟前开始采收。如果采收后进行远距离外销，则可在果实体积达到最大，也即定个后进行采收，以延长果实的存放期。

2. 采收时间

蔬菜采收应确保农药使用的安全间隔期。最后一次使用农药的日期距离蔬菜采收日期之间，应有一定的时间隔天数，防止蔬菜产品中残留农药超标。需要注意的是，农药包装说明书中的安全间隔期是按照规定的使用浓度、喷施量、喷施次数等条件下自最后一次施药至安全食用所需时间。

蔬菜的适宜采收时间为晴天的早晨或傍晚，气温偏低时进行采收。早晨采收时应在产品表面的露水消失后开始收获，雨后要在产品表面上的雨水消失后才能进行采收。根菜类、薯芋类、大蒜、洋葱等蔬菜应在土壤含水量适中（半干半湿）时进行采收，雨季应在雨前收获完毕。

3. 采收方法

（1）茄果类蔬菜。果实采收时用手掌轻握果实向上略托或稍旋，果梗即在离层处与果枝分离。辣椒的果皮有一层蜡质，对防止水分的蒸发有一定的帮助，要很好保护，采收后的果实放入必备的工具背筐、提篮、菜筐中。

（2）瓜类蔬菜。设施栽培黄瓜应适当早收，当瓜长到25~30厘米长、顶花带刺时采摘黄瓜。根瓜采收要早，一般开花后8~10天采收为宜。西葫芦瓜把粗短，要用利刀或剪刀收瓜，早上收瓜，瓜内含水量大，瓜色鲜艳，瓜也较重。小冬瓜采收标准不严格，嫩瓜达到食用标准后即可采收，大冬瓜一般在生理成熟后采收，采收方法是剪或摘。收瓜时，用剪刀将瓜带一小段果柄剪下。苦瓜开花后12~15天采收；果实条状或瘤状凸起较饱满，果皮有光泽，果顶色变淡。

（3）绿叶菜类蔬菜。绿叶菜一般植株矮小、生育期短，没有严格的采收标准，大小都可以上市作为商品蔬菜。就近生产，就近供应，以便随时采收，及时销售。

把芫荽、小白菜、青菜等蔬菜从地里收起，摘掉黄叶、烂叶，然后根对根成行摆齐，摘去黄叶，捆成菜把，或放入包装袋中。

芹菜采收标准依栽培季节、栽培方式、市场需求而定。一般以植株的最外层叶片未枯黄、未焦枯为准，采收后修黄叶、清洗后扎成5~10千克的捆，采收过早，生长不足，产量过低；采收过迟，又会影响芹菜的商品质量，尤其是春芹。

秋菠菜播后30天便可采收，以后每隔10~20天可采收一次，共可采收2~3次。春菠菜株高达20厘米以上后，及时收获上市，常一次采收完毕。

薤菜直播的播后 25~60 天开始采收，第一次采摘时齐主蔓基部摘下，留二个侧蔓生长。扦插的 1 个月后可采摘嫩茎梢，第一次采摘时留基部 2~3 个节，7~10 天后侧蔓长至 28~30 厘米长时，再保留基部 2~3 节采摘上部嫩梢，如此不断采摘直至降霜，地上部枯死。

大白菜收获时割或拔，待叶球充分成熟，寒冻前收完。结球甘蓝收获时割，待外叶张开，叶球充分肥大，包球紧实。花椰菜收获时割，待花球充分肥大，球面开始变平，边缘尚未散开。青花菜收获时割，待花球长成，花梗未伸长，花蕾未开放。

（五）采后管理

1. 回收生产资料

茄果类、瓜类罢园时及时清理架杆、吊绳、滴灌带。剪除绑蔓的绑绳、固定夹，收回架杆，整理捆扎好架杆以备来年使用。可多次使用的聚酯尼龙吊绳缠绕回收。迷宫式滴灌带缠绕回收，放置阴凉、防雨防晒处保管以备来年使用。

2. 清除植株残体、地膜和杂物

（1）清洁田园。可将蔬菜生长期间初发病的叶片、果实或病株等及时清除或拔去，以免病原物在田间扩大、蔓延。清洁田园主要是在病害初侵染的阶段，它具有减少病原物再侵染的作用。

（2）集中处理病残株。蔬菜采收后，把遗留在地面上的病残株集中处理或深埋。田间的枯枝、落叶、落花、落果、遗株等各种残余物应及时清理出菜园。在拉秧时，将茎枝带根拔出，把地里的落叶、残膜捡净扔出田间处理或深埋。

（3）提前回收地膜。地膜覆盖效应主要表现在播种定植后的 40~60 天。在地膜尚有一定强度又不影响正常生长的情况下可提早揭除回收，为了方便回收，可采用地膜侧播种、定植的两侧覆盖地膜，以便能迅速干净地清除残膜。

3. 土壤消毒

随着设施菜的发展，多种土传病害日趋突出，造成的经济损失也日趋严重，已成为限制设施蔬菜生产发展的主要因素。防治土传病害，要进行土壤消毒，杀死土壤中的有害微生物，以消除或削弱重茬病。

（1）化学消毒。对定植穴的土壤用40％甲醛（福尔马林）100倍液10千克均匀喷洒或注入，然后盖膜10天，或用敌克松500倍液均匀喷洒或注入，然后盖膜10天，或每平方米用多菌灵原粉8~10克撒入土壤中进行消毒。

用氰氨化钙（石灰氮）消毒，选连续3~4天晴好天气，每亩撒施40~60千克，连同前茬蔬菜残株、根盘（打碎更好），深翻20厘米入土，盖地膜，膜下灌水至地面不见明显水下渗，密闭大棚，期间保持土壤湿润，15~20天后掀膜松土，揭膜后2~3天即可种植下一茬蔬菜。

（2）物理消毒（对土壤进行日光消毒处理）。在保护地蔬菜春夏之交的空茬时期，利用天气晴好、气温较高、阳光充足的时机（7—8月），将保护地内的土壤深翻30~40厘米，破碎土团后每亩均匀撒施2~3厘米长的碎稻草和生石灰各50~100千克，再耕翻使稻草和石灰均匀分布于耕作土壤层，并均匀浇水，待土壤湿透后铺透明塑料膜，铺平拉紧，压实四周，闭棚升温，使耕层土壤温度达到50℃以上，高温闷棚时间为10~30天，若条件允许再深翻土壤，重复一次高温闷棚处理。

四、土壤管理

（一）土壤改良

1. 土壤质地的改良

质地改良首先要辨别被改良的土壤是沙土还是黏土，然后用"客土法"，采取"沙掺泥、泥入沙"的办法调整泥沙比例，以改善土壤的质地。

沙土改良可将适量的黏土通过翻耕与原有土壤（深度不少于20厘米）充分混匀，直至泥沙比例恰当。

黏土改良可将适量的河沙通过翻耕与原有的黏土（深度不少于20厘米）充分混匀，直至泥沙比例恰当。

如果表土是沙土，而心土是黏土，则只需深翻，将两层土壤混合即可。上述几种情况如采用施有机肥的方法也可。如果在客土法基础上施以有机肥则效果更明显。

2. 土壤结构的改良

采取有机肥或利用土壤结构改良剂改良，使之均匀混入15~20厘米的土层内。进行土壤耕作，一方面能机械的切割，打破原有土壤结构，另一方面使有机肥或结构改良剂能充分作用。

3. 土壤酸碱度的改良

过酸过碱的土壤或不适合蔬菜种植的，土壤均需要改良。

改良酸土采用施石灰。将材料混入土壤，使之与土壤均匀混合，充分作用。生石灰因碱性作用过强易造成局部过碱或引起烧苗，因此要注意用量，并能够提前应用；石灰石粉作用较缓和，后效也长；熟石灰则介于两者之间。

改良碱土通常用石膏，石膏细粒或粉状为好。

（二）增施有机肥

大棚等设施蔬菜比露地蔬菜单位面积施肥量大得多，且因无雨水淋失，致使剩余的肥料大部分残留于土壤中，使土壤溶液浓度过高，妨碍根系吸收养分，所以设施蔬菜栽培，应充分考虑前茬肥料的后效，多施有机肥，适当少施化肥，避免因盐类积聚而使后茬蔬菜受害。

1. 有机肥的作用

有机肥是土壤肥力的基础，施用有机肥，可增加土壤有机质的含量。有机肥料所含的营养元素多呈有机状态，作物难以直接利用，经微生物作用，缓慢释放出多种营养元素，源源不断地将养分供给作物。施用有机肥料能改善土壤结构，有效地协调土壤中的水、肥、气、热，提高土壤肥力和土地生产力。

2. 有机肥的种类

（1）粪尿肥。粪尿肥可分牲畜粪尿和人粪尿。牲畜粪尿是指猪、牛、羊等饲养动物的排泄物，含有丰富的有机质和各种植物营养元素，是良好的有机肥料。牲畜粪尿与各种垫圈物料混合堆沤后的肥料称为厩肥。厩肥是农村的主要肥源，占农村有机肥料总量的63%~72%。

牲畜粪尿主要有牛粪、羊粪、猪粪和禽粪。

人粪尿是一种偏氮的完全肥料，除含多量氮素外，还含有少量易溶性磷素，以及各种微量元素。人粪尿中含有70％~90％水分；20％的有机物，包括纤维素、半纤维素、脂肪和脂肪酸、蛋白质、氨基酸和各种酶、粪胆汁；还有少量的粪臭质（吲哚、硫化氢、丁酸）等臭味物质；5％左右的灰分，主要是钙、镁、钾、钠的无机盐；1％~2％的尿素；1％左右的食盐。此外，人粪尿还含有大量已死的和活的微生物，有时还含有寄生虫和寄生虫卵。新鲜人粪尿必须经过储存腐熟后才能使用。由于鲜尿所含尿素易分解转化，可以直接使用。

（2）堆肥。利用枯枝落叶、秸秆、杂草、人畜粪尿、垃圾、污泥和不同数量的泥土堆积腐熟而成的肥料，称为堆肥。

堆肥材料虽含有一定量的养分，但大都不能直接被作物吸收利用。通过堆腐过程，使有机肥料尽快释放养分。还可经发酵过程产生的高温杀灭寄生虫卵和各种病原菌，杀死各种为害作物的病虫害及杂草种子，实现无害化的目的。同时还消除了有机物在分解过程中产生的有机酸等毒素物质，因为这些毒素物质会抑制种子萌发，伤害植物根系，甚至使作物黄化、枯萎而死亡。未腐熟的厩肥还容易诱发作物猝倒病。

（3）饼肥。饼肥是油料作物籽榨油后剩下的残渣。饼肥含氮量高，并含有相当数量的磷、钾及各种微量元素，且分解迅速，易于发挥肥效，是适于各种土壤和蔬菜作物的优质有机肥料。饼肥可作基肥，也可作追肥。用作基肥时，一般在播种前2~3周施入，可以不经腐熟过程，而是充分粉碎后，拌入少量农药或过磷酸钙，以免招引地下害虫，用量为每亩50~70千克。茶籽饼含氮较低，碳氮比率高，难于分解，又多含有毒物质，一般要经过发酵腐熟后才能施用。未腐熟的饼肥不宜靠近种子、幼苗或植物根系，否则会出现不良后果。

（4）绿肥（图3-23）。凡是将绿色植物直接翻压或割下堆沤作为肥料施用的叫作绿肥。

绿肥可提高土壤肥力，有利于土壤有机质的积累和更新，增加土壤氮素含量，富集与转化土壤养分，改善土壤理化性状，加速土壤熟化，减少养分损失。绿肥是防风固沙，保持水土的有效生物措施，有利于生态环境保护，起到改善生态条件的作用。

绿肥的种类。绿肥的种类很多，分豆科和非豆科绿肥。按生长季

图3-23　种植田菁改良土壤

节可分为夏季和冬季绿肥，还有多年生绿肥。绿肥在分解时期对种子发芽和植株生长都是不利的。因而，菜地要压青后两周左右进行播种或移植，绿肥每亩用量1 000千克左右。

3. 有机肥无害化处理

农家肥必须经高温发酵，以杀灭各种寄生虫卵和病原菌、杂草种子，使之达到无公害卫生标准。有机污染物和生物污染物可通过60~70℃高温堆肥方式进行无害化处理。堆肥初期温度上升很快，2~3天即可达到60℃，并可延续20~30天，经如此高温处理后，病原菌基本被杀死。

城市垃圾常含有害物质，不能施用。鸡肥、鱼肥以及其他含磷较多的有机肥要慎用。

五、施肥管理

（一）施肥方式

1. 施基肥

基肥是蔬菜播种或定植前结合整地施入的肥料。其特点是施用量大、肥效长，不但能为蔬菜的整个生育时期提供养分，还能为蔬菜创造良好的土壤条件。基肥一般以施用腐熟的厩肥、人粪尿、猪牛栏粪、垃圾、土杂肥等有机肥和商品有机肥为主，根据需要配合一定量的化肥，做到有机不足无机补。这是因为有机肥料含有大量的氮、磷、钾养分和其他中、微量营养元素，在土壤中分解速度较缓慢，能持续地供应蔬菜生长发育的需要，并且含有丰富的有机质，能使土壤疏松，增强土壤中微生物的活动，提高土壤肥力。

基肥充足，是蔬菜优质高产的基础。结合深翻整土施用基肥，可使土肥充分融合，也使上下土层充分混合，把板结土表粉碎并翻到下层，可以大大减轻土壤板结和盐害。施用基肥时应先把肥料均匀地撒于畦面，再结合碎土整畦，或采用穴施、沟施，后盖覆土，能保存养分。

2. 施追肥

追肥是在蔬菜生长期间施用的肥料。追肥以速效性化肥和充分腐熟的有机肥为主，施用追肥应根据蔬菜的不同种类及生长期，尽量采取"少量多次"的原则科学合理施用，才能收到最大的肥效。下面是各类蔬菜科学施肥方法。

（1）叶菜类蔬菜。叶菜类主要有白菜、青菜、菠菜、苋菜等。叶菜类追肥以氮肥为主，但生长盛期在施用氮肥的同时，还需增施磷、钾肥。短期叶菜如生菜、白菜、空心菜等，根浅吸收力较弱，且以鲜嫩茎叶作食用，需氮量较多，应采用薄施勤施，每隔3~4天追一次粪尿水，逐步增加肥料浓度，促进茎叶快速生长。并切忌把化肥撒在心叶里，以免造成烧苗，最好每次追肥能结合浇水进行。生长期较长的结球蔬菜如包心菜、花椰菜等，苗期掌握薄施勤施，促进早生快发。开始进入莲座期和包心前的两次施肥是丰产的关键。若全生育期氮肥供应不足，则植株矮小，组织粗硬，春季栽培的叶菜还易早期抽薹；若结球类叶菜后期磷、钾肥不足，往往不易结球。

（2）豆类蔬菜。豆类蔬菜在开花结荚前应适当控制追肥，如果氮肥偏多，茎叶生长过于繁茂，反而会推迟开花结果，降低产量；待开花结荚后增施追肥，才能取得高产。此时作物边现蕾，边开花，边结果，是营养生长和生殖生长齐头并进的时期，果实和花芽同时发育争夺养分，并容易受环境条件如温度、光照、土壤水分和养分状况等影响而发生各种营养生理障碍，产生落花落果。应适施氮肥，增施磷、钾肥。

（3）瓜果类和茄果类蔬菜。这些蔬菜食用部分都是生殖器官，结果多，产量高，采收期较长，需肥量较大且逐次增多。但也要掌握苗期薄施勤施的原则，并每次适当增加追肥量，以满足结果旺盛期所需养分，使植株生长健壮，同时防止徒长。特别是番茄，如苗期氮肥偏多，生长娇嫩，便容易感染病害。当开花坐果后，除应增加速效氮肥外，还应适当配施含磷、钾较多的复合肥，或过磷酸钙、氯化钾、草木灰等，增强植株抗逆能力，使果实饱满，提高品质和产量。

（4）根茎类蔬菜。根菜类主要有萝卜、胡萝卜、芜菁（盘菜）等，食用部分是肉质根。这类蔬菜需磷、钾肥较多，可多施氯化钾、硫酸钾、磷酸二氢钾、多元复合肥等。根菜类生长前期要多施氮肥，促使形成肥大的绿叶；生长中后期（肉质根生长期）要多施钾肥，适当控制氮肥用量，促进叶的同化物质运输到根中，以便形成强大的肉质根。如果在根菜生长后期氮肥过多而钾肥不足，易使地上部分徒长，根茎细小，产量下降，品质变劣。

3. 叶面喷肥

将配制好的肥料溶液直接喷洒在蔬菜茎叶上的一种施肥方法。此法可以迅速提供蔬菜所需养分，避免土壤对养分的固定，提高肥料利用率和施用效果。用于叶面喷肥的肥料主要有磷酸二氢钾、复合肥及可溶性微肥，施用浓度因肥料种类而异，浓度过高易造成叶片伤害。

（二）合理施肥

1. 不同蔬菜种类与施肥

不同蔬菜种类对养分吸收利用能力存在差异。例如，白菜、菠菜等叶菜类蔬菜喜氮肥，但在施用氮肥的同时，还需增施磷肥、钾肥；瓜类、茄果类和豆类等果菜类蔬菜，一般幼苗需氮较多，进入生殖生长期后，需磷量剧增，因此要增施磷肥，控制氮肥的用量；萝卜、胡萝卜等根菜类蔬菜，其生长前期主要供应氮肥，到肉质根生长期则要多施钾肥，适当控制氮肥用量，以便形成肥大的肉质直根。

2. 不同生育时期与施肥

蔬菜各生育期对土壤营养条件的要求不同。幼苗期根系尚不发达，吸收养分数量不太多，但要求很高，应适当施一些速效肥料；在营养生长盛期和结果期，植株需要吸收大量的养分，因此必须供给充足肥料。

3. 不同栽培条件与施肥

沙质土壤保肥性差，故施肥应少量多次；高温多雨季节，植株生长迅速，对养分的需求量大，但应控制氮肥的施用量，以免造成营养生长过盛，导致生殖生长延迟；在高山地区，应增施磷肥、钾肥，提高植株的抗寒性。

4. 肥料种类与施肥

化肥种类繁多，性质各异，施用方法也不尽相同。铵态氮肥易溶于水，作物能直接吸收利用，肥效快，但其性质不稳定，遇碱遇热易分解挥发出氨气，因而应深施并及时覆土。尿素施入土壤后经微生物转化才能被吸收，所以尿素作追肥要提前施用，采取泵施、穴施、沟施，避免撒施。弱酸性磷肥宜施于酸性土壤，在石灰性土壤上施用效果差。硫酸钾、氯化钾、氯化铵、硫酸铵等化学中性、生理酸性肥料，最适合在中性或石灰性土壤上施用。

（三）安全施肥

蔬菜安全施肥包括两个含义：确保消费者食用安全，确保蔬菜生长发育安全。蔬菜安全施肥应注意以下事项。

1. 忌施用尿素后浇水

尿素中所含的氮成分为酰铵态氮，酰铵态氮在土壤微生物分泌的脲酶的作用下，转化为碳酸铵或碳酸氢铵后才能被蔬菜根系吸收利用。如果尿素施后马上浇水或遇到雨淋，酰铵态氮素就会流失。所以，尿素无论作蔬菜的基肥或追肥，都应该在施后5~6天，使其全部转化后再浇水，以免造成损失。

2. 忌反复施用硫铵

在酸性土壤或石灰性土壤的菜田中，如果连续多次的施用硫铵，就会使土壤变得更酸，使石灰性土壤出现板结，导致蔬菜生长发育不良，品质和产量下降，降低菜地的经济效益。

3. 忌菜地缺水施用碳铵

由于碳铵的化学性质极不稳定，容易挥发，在菜田施用碳铵时，无论作基肥还是追肥，都应该在菜田湿润的情况下进行深施，并且施后立即覆土。如果天气干旱，又非施用碳铵不可，可对水泼施或施后浇水。

4. 叶菜类蔬菜忌施硝铵

小白菜、大白菜、苋菜、空心豆、芹菜、包菜等，生长期间极易吸收硝酸态氮肥，如施用硝铵，叶菜类蔬菜吸收的都是硝酸盐类离子，消费者食用后就会进入人体，导致消费者积蓄性中毒。

5. 叶菜类蔬菜忌喷施高浓度氮肥

如果用尿素、硫铵等进行蔬菜叶面喷施，虽然能使蔬菜叶肥色绿、色泽好，但有害盐类在绿叶类蔬菜中的含量就会显著增加，继而影响消费者的身体健康。

6. 设施栽培忌用浓度较高的铵态氮肥

农业设施内温度较高、湿度较大，高浓度的铵态氮肥在适宜的温度及湿度条件中，在土壤酶的作用下易分解，最后转化成气体氨，导致蔬菜氨中毒，影响蔬菜的品质和产量。

（四）水肥一体化

1. 水肥一体化的概念

水肥一体化技术是将灌溉与施肥融为一体的农业新技术。水肥一体化是借助压力系统（或地形自然落差），将可溶性固体或液体肥料，按土壤养分含量和蔬菜种类的需肥规律和特点，配兑成的肥液与灌溉水一起，通过可控管道系统供水、供肥，使水肥相融后，通过管道和滴头形成滴灌、均匀、定时、定量，浸润蔬菜根系发育生长区域，使主要根系土壤始终保持疏松和适宜的含水量，同时根据不同蔬菜的需肥特点，土壤环境和养分含量状况；不同生长期需水，需肥规律情况进行不同生育期的需求设计，把水分、养分定时定量，按比例直接提供给蔬菜，满足蔬菜生长的需要。

2. 水肥一体化的技术要点

水肥一体化是一项综合技术，涉及农田灌溉、蔬菜栽培和土壤耕作等多方面，其主要技术要领须注意以下四方面。

（1）滴灌系统（图3-24）。在设计方面，要根据地形、田块、单元、土壤质地、蔬菜种植方式、水源特点等基本情况，设计管道系统的埋设深度、长度、灌区面积等。水肥一体化的灌水方式可采用管道灌溉、喷灌、微喷灌、泵加压滴灌、重力滴灌、渗灌、小管出流等。特别忌用大水漫灌，容易造成氮素损失，同时也降低水的利用率。

图3-24　母液罐

（2）施肥系统（图3-25）。在田间要设计为定量施肥，包括蓄水池和混肥池的位置、容量、出口、施肥管道、分配器阀门、水泵肥泵等。

（3）适宜肥料。肥料可选液态或固态肥料，如氨水、尿素、硫铵、硝铵、氯化钾、硫酸钾、硝酸钾、硫酸镁等肥料；固态以粉状或小块状为首选，要求水溶性强，含杂质少，一般不用颗粒状复合肥；如果用沼液或腐殖酸液肥，必须经过过滤，以免堵塞管道。

图3-25　自控施肥机

（4）具体操作。

①肥料溶解与混匀：施用液态肥料时不需要搅动或混合，一般固态肥料需要与水混合搅拌成液肥，必要时分离，避免出现沉淀等问题。

②施肥量控制：施肥时要掌握剂量，注入肥液的适宜浓度大约为灌溉流量的0.1%。例如灌溉流量为每亩50立方米，注入肥液大约为50千克；过量施用可能会使作物致死以及环境污染。

③灌溉施肥的程序：灌溉施肥的程序分3个阶段：第一阶段，选用不含肥的水湿润（2~3分钟）；第二阶段，施用肥料溶液灌溉（一般10分钟以内）；第三阶段，用不含肥的水清洗灌溉系统（一般5~8分钟）。

3. 水肥一体化的实施效果

（1）水肥均衡。传统的浇水和追肥方式，蔬菜饿几天再撑几天，不能均匀地"吃喝"。而采用科学的灌溉方式，可以根据蔬菜需水需肥规律随时供给，保证蔬菜"吃得舒服，喝得痛快"。

（2）省工省时。传统的沟灌、施肥费工费时，非常麻烦。而使用滴灌，只需打开阀门，合上电闸，几乎不用工。

（3）节水省肥。水肥一体化滴灌，直接把作物所需要的肥料随水均匀的输送到植株的根部，作物"细酌慢饮"，大幅度地提高了肥料的利用率，可减少50％的肥料用量，水量也只有沟灌的30％～40％。

（4）减轻病害。农业设施内蔬菜很多病害是土传病害，随流水传播。如辣椒疫病、番茄枯萎病等，采用滴灌可以直接有效的控制土传病害的发生。滴灌能降低棚内的湿度，减轻病害的发生。

（5）控温调湿。冬季使用滴灌能控制浇水量，降低湿度，提高地温。传统沟灌会造成土壤板结、通透性差，蔬菜根系处于缺氧状态，造成沤根现象，而使用滴灌则避免了因浇水过大而引起的作物沤根、黄叶等问题。

（6）增加产量，改善品质，提高经济效益。滴灌的工程投资（包括管路、施肥池、动力设备等）每亩为1 000～5 000元，可以使用5年左右，每年节省的肥料和农药至少为700元，增产幅度可达30％以上。

六、病虫害防控

（一）防治原则

遵循"预防为主、综合防治"的方针。加强栽培管理，合理轮（间、套）作，科学田间布局，应用生态工程技术，利用田边地头、棚室空间种植显花蜜源植物、载体植物、诱虫植物等，增加生物多样性，提高自然抗害能力。提倡农膜、遮阳网、防虫网等覆盖，性诱剂诱杀（迷向），人工捕杀虫茧，人工释放天敌等病虫害绿色防控措施。根据病虫害发生规律，适时开展应急化学防治。优先使用生物源和矿物源农药，科学使用高效低毒低残留等环境友好型农药，严格控制安全间隔期、施药量和施药次数。

（二）关键措施

1. 植物检疫

植物检疫是指为了防止危险性病虫害的扩散、蔓延，由国家颁布法令，在交通口岸设立专门机构，配备专门人员，对可能携带有危险病虫害的种子、种苗等进行检验，一旦发现检疫性病虫害，立即采取销毁或禁止运送等措施，以杜绝其流传。从外地运入的蔬菜种子或种苗均需通过植物检疫，并开具植物检疫合格证书。

2. 农业防治

农业防治就是合理运用栽培、管理技术，创造适于蔬菜作物生长的环境条件，促进蔬菜健康生长，提高蔬菜自身抵抗病虫害及不良环境的能力。

（1）选苗。选择无病虫害的种子和种苗，选择适合本地自然环境的植物或抗逆性较强的植物。

（2）种植场所改造。种植之前，对土壤、水源等进行检测，根据检测结果，加以改造；同时，根据蔬菜品种的生长习性，适地、适时种植。

（3）合理的栽培管理措施。栽培管理措施主要包括合理轮（间、套）作，整地作畦、浇水、施肥、中耕除草、防寒降暑等。合理的栽培管理措施不仅能促使蔬菜迅速成长，又能增强蔬菜抵抗病虫害的能力。如冬季深翻土壤，可以杀死大量越冬的病虫；蔬菜生产地上的残枝落叶，都可能是病虫害潜伏的场所，应及时清除。

3. 物理防治

物理防治是利用器械和各种物理因素，如光、热、电、温湿度和放射能等，来防治病虫害的方法。

（1）虫害的防治。通常采用诱杀、人工捕杀、阻隔等物理及机械防治方法。

①诱杀：利用害虫的趋性，诱集害虫加以消灭。如利用毒饵诱杀蝼蛄、小地老虎等；利用糖醋液诱杀小地老虎等蛾类。

②捕杀：利用人力或简单器械，捕杀有群集性或假死性的害虫。如早晨到菜地捕捉菜青虫、斜纹夜蛾等。

③阻隔：利用害虫的活动习性，人为设置障碍防止幼虫或成虫扩散、迁移，常能收到一定效果。例如，大棚栽培采用防虫网遮盖，可以阻隔害虫进入为害。

（2）病害的防治。主要利用改变温湿度，如采用暴晒土壤、种子、热水烫种等措施，达到杀灭病菌的目的；农膜覆盖地面、棚顶等，降低棚内湿度，减轻病害发生；人工清除病叶、病枝等。

4. 生物防治

目前，生物防治主要用于害虫的防治，而害虫的有效控制，可以使蔬菜减少病菌侵染的机会。在害虫防治上，已经普遍采用的生物防治大体可分：昆虫天敌、以菌治虫、昆虫激素及其他有益动物的利用。

（1）天敌生物。利用天敌昆虫来防治害虫，天敌昆虫可分捕食性天敌和寄生性天敌。

①捕食性天敌（图3-26）：这类天敌一般捕获害虫能力强，行动迅速，具有特化的捕获器官，捕获后直接将害虫吃掉，一般食量较大。常见有瓢虫、草蛉、食蚜蝇、智利小植绥螨、螳螂、花蝽、猎蝽、步行甲、蜘蛛等。

上排从左至右依次为：异色瓢虫、螳螂、豆娘、虎甲
下排从左至右依次为：草蛉、食蚜蝇、蜘蛛、小花蝽

图3-26　捕食性天敌

②寄生性天敌（图3-27）：包括寄生蜂、寄生蝇、昆虫病原线虫等。寄生蜂和寄生蝇的成虫一般能准确寻找到害虫，然后产卵于害虫虫体或卵内，天敌卵在害虫虫体或卵内完成个体的生长、发育，直至羽化为成虫，破壳钻出。昆虫病原线虫是昆虫的专化寄生性天敌，以侵染虫态（3龄幼虫）在土壤中主动搜索和识别寄主昆虫，并通过寄主昆虫的自然开口或节间膜侵入，在其血腔内释放体内携带的共生细菌，共生细菌分泌毒素破坏寄主昆虫生理防御机能，导致寄主昆虫患

败血症在 24~48 小时内死亡。昆虫病原
线虫产生胞外酶等分解寄主昆虫尸体并
以此为养分在其体内繁殖数代，当密度
偏高或营养匮乏时产生携菌的侵染虫态，
离开寄主昆虫体内，继续搜索寄主昆虫，
形成可持续防治。

图3-27　寄生蜂

（2）以菌治虫。利用害虫的病原微
生物（真菌、细菌、病毒）防治害虫。

①细菌：目前应用较广、较成功的
杀虫细菌是苏云金杆菌，这类细菌在昆虫取食时随食料进入昆虫的消
化道，从而使虫体感病、组织溃疡，从口及肛门流出浓臭液而死亡。

②真菌：目前利用较多的真菌是白僵菌、绿僵菌等。白僵菌属半
知菌类的一种虫生性真菌，能寄生许多昆虫，当孢子接触虫体后，在
适宜的气候条件下，即行萌芽，菌丝从气门、足、节和口腔侵入，使
虫体感病、僵硬而死亡，最后，菌丝从虫尸生出，在虫体外表布满白
色细丝状物，以后产生白色粉状孢子向外扩散。

③病毒：病毒对害虫有较严格的专化性，在自然界，往往一种病
毒只寄生一种害虫，不存在环境污染问题，可以长期保存，反复感
染，导致害虫的病毒病流行。

（3）昆虫激素。在昆虫的生长、发育过程中，昆虫的蜕皮、交配
等行为受蜕皮激素和性外激素的控制。目前应用较多的灭幼脲，就是
阻止其蜕皮，甲氧虫酰肼则是加速其蜕皮，导致害虫死亡。

（4）有益动物。自然界中存在许多益鸟类、爬行类、两栖类等动
物，它们是多种农业害虫的捕食者。因此，应尽量创造适于其生存、
繁衍的环境条件。

5. 化学防治

化学防治是指用化学农药防治蔬菜作物病虫害的一种方法，在目
前，仍然是不可缺少的一种防治方法。其优点是见效快，作用大，能
及时抑制病虫的猖獗为害，尤其对突发性害虫的防治；可大规模工厂
化生产，剂型多，广谱性，使用方便。其缺点是会对环境造成污染，
并使病虫害产生抗药性。虫害和病害在药剂使用上存在较大的差别。

（1）杀虫剂的使用。在杀虫剂中，根据其作用机理可分为胃毒剂、触杀剂、内吸剂和熏蒸剂。大多数农药兼有多种作用机理。在使用农药时应注意以下几点。

①合适的农药：应选用高效、低毒或无公害的药剂，尽量做到不伤害天敌及污染环境。

②合理的浓度：各种农药都有一个使用的浓度范围，不能随意地扩大或缩小浓度。药剂浓度与防治效果之间并不是成正比，相反，会造成农药的浪费和环境的污染。

③合适的时机：在害虫生活周期中，一般都存在一个或多个薄弱环节，即容易遭受外来因子（如天敌、环境、农药等）攻击的时段。抓住其薄弱环节，进行用药防治，可达到较好的防治效果。例如，对蚜虫、粉虱、螨类等，要抓住早期防治，以压低虫口基数，减轻后期为害等。

④抗药性：在长期单一农药喷洒下，害虫会很快产生抗药性。如斜纹夜蛾、棉蚜等对常用农药已产生极强的抗药性。因此，要交替轮换使用不同类型的药剂，并尽量减少用药次数。

（2）杀菌剂的使用。对大多数植物而言，病害几乎是只能预防不能治理。这是因为在生理和病理上，植物染病后，便不能修复；在技术上，难以做到早期或中期的诊断，植物病害在潜育期中并无肉眼可见的病害症状，而一旦病状显露，则组织已经坏死或畸形，病菌已经侵入植物组织内部，并且快速繁殖，此时用药，常难以奏效。因此，对于病害的防治，提倡重在预防，即在病害发生之前或发生初期，用保护性杀菌剂等进行预防。如果病害已经发生，应首先清除有病叶片，再喷施杀菌剂。一般病害的发生初期与植物新叶生长期相同步。

（三）安全用药

1. 严禁使用高毒和高残留农药

使用高毒、高残毒农药，虽能在短时间内杀死害虫，见效快，但同时也杀灭了害虫的天敌，增大了蔬菜体内有害物质的含量，食后极易造成人畜中毒。因此，禁止在蔬菜上使用高毒、高残毒农药，提倡使用高效、低毒、低残留农药和生物农药。

2. 对症下药和适时用药

（1）对症下药。药剂的种类多，而且防治范围和对象不同，有的能兼治多种病虫害，有的仅能防治某一类病虫害。因此，在使用某种农药时，必须先了解该药的性能和防治对象。应根据不同的害虫种类选择农药，以刺吸式口器取食植物汁液的害虫应选择触杀及内吸作用的农药；对体表有保护物的刺吸式口器害虫应选择对蜡质有较强渗透作用及触杀作用农药；对以咀嚼式口器取食作物叶子的害虫，应选择以胃毒作用为主的药剂。

（2）适时用药。多种病虫害的浸染循环、生活史和为害期不同，其防治的适期也不完全一致。就一般病害来说，应该在病菌病毒传播之前或蔬菜发病初期用药效果较好。育苗期间幼苗小，抗病性弱，易受病菌感染，应喷施一次保护性杀菌剂，确保幼苗不受病菌浸染；缓苗后植株生长速度加快，病害容易发生，应进行一次保护性喷药，使植株周围形成保护膜，防止病菌浸染；开花结果后由营养生长转向生殖生长和营养生长并进时期，叶片营养较差，易感病，应及时喷药防治。对于虫害，特别是鳞翅目的幼虫，应在3龄前防治，此时虫体小、为害轻、抗药力弱，用较少的药剂就能发挥较高的防治效果，对钻蛀性害虫如棉铃虫、烟青虫等，应在孵化盛期防治，其效果最好。

（3）施药方法。施药时应根据病虫发生特点和药剂性能，采取相应的施药方法。对食叶和刺吸汁液的害虫可用喷雾等方法，食根害虫或根病可用灌根的方式防治，保护地可用烟剂和熏蒸剂等。喷药时应做到不漏喷、不重喷、不漏行、不漏棵。从植株底部叶片往上喷，正反面都要喷均匀。药剂要重点喷在发生病虫害的部位，中心病株周围的易感病要重点喷，植株中上部叶片易感病要重点喷。即使是内吸传导的药剂也应喷在病虫害的地方。如防治红蜘蛛、蚜虫、霜霉病等时，药液重点是叶片的背面，防治枯萎病和地蛆时，药液主要喷在植株的根茎基部。

（4）根据不同的气候科学用药。农药的使用受天气影响较大，阴天、大风、下雨都会影响农药的施用效果。应观察掌握天气变化情况。如环境温湿度较高时，所用药剂浓度可适当减小；强光下易分解或挥发的药剂，应在阴天或傍晚时使用。光照过强、温度过高易引起药剂光解或药害，因此中午前后不宜喷药。

3. 正确掌握各类农药的使用浓度

当前，农药的种类和剂型很多，同样名称而剂型不同的农药，在使用浓度上和施用方法、时间上往往是不同的，所以要严格按照各类农药品种的推荐剂量和方法去使用。施用药液浓度一定要适度，超用量，虽能致死病虫，但易产生药害，易发生人畜中毒；若用药浓度偏低，药量小，则防效差，病虫还会产生抗药性。

严格按照农药安全使用说明书用药，不得随意增减，配药时要使用计量器具，根据农药毒性及病虫害的发生情况，结合气候情况，严格掌握药量和配制浓度，防止蔬菜出现药害和伤害天敌。在考虑使用农药剂量的同时，还应降低农药的使用次数，参照防治指标进行防治。

4. 推行轮换交替和混合用药

在生产实践中，要采取交替、轮换使用作用机制不同的农药品种来防治病虫害，可有效地达到克服抗性、迅速杀灭和降低成本的效果。对于杀虫剂，应选择作用机理不同或能降低抗性的不同种类的农药交替使用。对于杀菌剂，将保护性杀菌剂和内吸性杀菌剂交替使用；或者将不同杀菌机制的内吸杀菌剂交替使用。

同样道理，采取科学合理复配混用农药，既可取长补短来扩大防治对象和提高防治效果，又能有效发挥各自优势来延缓病虫产生抗性和降低防治成本。但是，并非所有农药都能互相混用，混用不当会降低药效，甚至产生药害。农药混用要遵循下列原则：一是混合后不发生不良的物理化学变化；二是混合后对作物无不良影响；三是混合后不能降低药效。田间的现配现用应当坚持先试验后混用的原则。对一些新农药品种是否能混用，经过试验后才能确定，不能盲目混用。

5. 严格按安全间隔期用药

使用农药时要根据上次用药残效期的长短、决定下次用药时间。不要在残效期内再次使用同一种农药，既增大成本，又增加药害概率及病虫的抗药性；也不能残效期过后长时间不用药，否则会造成田间残存的病虫大量繁殖。对于将要收获的叶菜类蔬菜，田间残存病虫在蔬菜出售前不会成灾的，不用药，能成灾的，要用残效期短、低残毒农药喷杀，并在残效期过后方可出售。

严格按照国家规定的安全间隔期收获，尤其是瓜果菜类，以防止人畜食后中毒。做到用药量适宜，要尽量减少用药次数，在病虫发生严重年份，按标准中规定的最多施药次数还不能达到防治要求的，应更换农药品种，不可任意增加施药次数。

（四）防治方法

1. 设施蔬菜主要病害

（1）猝倒病（图3-28）。猝倒病是蔬菜幼苗期最常见的一种病害。

①症状：染病幼苗茎基部受害，近地面下的嫩茎出现淡褐色、不定形的水渍状病斑，病部很快缢缩，病苗常成片倒伏，此时子叶尚保持青绿，潮湿时在病苗和附近土壤表面，会长出稀疏的白色棉絮状物，幼苗逐渐干枯死亡。

②防控措施：选择地势高、地下水位低、排水良好、水源方便、避风向阳的地方育苗。苗期喷施500~1 000倍磷酸二氢钾，或1 000~2 000倍氯化钙等，提高抗病能力。根据苗情适时适量放风，避免低温高湿条件出现，不要在阴雨天浇水。苗床用肥沃、疏松、无病的新床土，若用旧床土必须进行土壤处理；肥料一定要腐熟并施匀；播种均匀而不过密，盖土不宜太厚；根据土壤湿度和天气情况，洒水每次不宜过多，且在上午进行；床土湿度大时，撒干细土降湿；做好苗床保温工作的同时，多透光、适量通风换气。

图3-28　萝卜猝倒病

发病前或发病初期用72.2%霜霉威水剂400倍液喷淋，每平方米喷淋药液2~3千克。药剂防治于病害始见时开始施药，间隔7~10天，一般防治1~2次，并及时清除病株及邻近病土，药剂选用68%精甲霜·锰锌水分散粒剂600~800倍液，或68.75%噁酮·锰锌水分散粒剂800~1 000倍液，或72%霜脲·锰锌可湿性粉剂600倍液，或687.5克/升氟菌·霜霉威悬浮剂1 000倍液等进行喷雾。为减少苗床湿度，应在上午喷药。

（2）炭疽病（图3-29、图3-30）。炭疽病是蔬菜上的重要病害，此病不仅在生长期为害，而且在储运期继续蔓延，造成产品大量腐烂，加剧损失。

①症状：病害在苗期和成株期都能发生，植株子叶、叶片、茎蔓和果实均可能受害。症状因寄主的不同而略有差异。苗期发病，子叶边缘出现圆形或半圆形、中央褐色并有黄绿色晕圈的病斑；茎基部变色、缢缩，引起幼苗倒伏。成株期发病，叶片病斑为黑色，呈纺锤形或近圆形，有轮纹和紫黑色晕圈；茎蔓或叶柄病斑呈椭圆形，略凹陷，有时可绕茎一周，造成死蔓。果实多为近成熟时受害，由暗绿色水浸状小斑点扩展为暗褐色至黑褐色的近圆形病斑，明显凹陷龟裂，湿度大时，表面有粉红色黏状小点，幼瓜被害，全果变黑、皱缩、腐烂。

图3-29　大豆苗期炭疽病　　　图3-30　大豆豆荚圆形炭疽病病斑

②防控措施：无病株采种，或播前用55℃温水浸种15分钟，迅速冷却后催芽；播种时用种子重量0.4%的50%多菌灵可湿性粉剂拌种，或用50%多菌灵可湿性粉剂500倍液浸种60分钟，均可减轻为害。

与非瓜类作物实行3年以上轮作；覆盖地膜，增施有机肥和磷钾肥；设施地内控制湿度在70%以下，减少结露；田间操作应在露水干后进行，防止人为传播病害。清除病残体，收后播前翻晒土壤；高畦深沟种植便于浇灌和排水降低畦面湿度，田间发现病果随即摘除带出田外销毁。采收后，严格剔除病株，储运场所要适当通风降温。

药剂防治可以选用25％吡唑醚菌酯乳油2 000倍液，或60％唑醚·代森联水分散粒剂1 500倍液，或75％肟菌酯·戊唑醇水分散粒剂3 000倍液，或25％咪鲜胺乳油1 000~1 500倍液，或70％甲基硫菌灵可湿性粉剂600倍液，或25％嘧菌酯悬浮剂1 000~1 500倍液等喷雾。每7天左右喷1次药，连喷3~4次。

（3）霜霉病（图3-31）。霜霉病是蔬菜重要病害之一，发生最普遍，常具有毁灭性。

①症状：苗期和成株期均可发病。幼苗期子叶正面出现形状不规则的黄色至褐色斑，空气潮湿时，病斑背面产生紫灰色或灰白色的霉层。成株期主要为害叶片，多从植株下部老叶开始向上发展。初期在叶背出现水浸状斑，后在叶正面可见黄色至褐色斑块，因为受到叶脉限制而呈多角形。常见为多个病斑相互融合而呈不规则形。保护地内湿度大，霉层为紫黑色。

图3-31　黄瓜霜霉病病叶

②防控措施：选用抗病品种，一般抗病毒病的品种也抗霜霉病。与同科蔬菜实行2年以上轮作。合理密植，避免田间小气候湿度过大。也可以用25％甲霜灵可湿性粉剂或40％乙磷铝可湿性粉剂进行拌种，用药量为种子重量的0.3％~0.4％。采用营养钵培育壮苗，定植时。严格淘汰病苗。定植时，应选择排水好的地块，保护地采用双垄覆膜技术，降低湿度；在晴天的上午浇水，灌水适量。及时摘除老叶或者病叶，提高植株内的通风透光性。

根据天气条件，在早晨太阳未出时排湿气40~60分钟，上午闭棚，温度控制在25~30℃，下午放风，温度控制在20~25℃，相对湿度为 60%~70%，低于 18℃ 停止放风。若傍晚条件允许，可再放风 2~3 小时。夜间温度应保持在 12~13℃，外界气温超过 13℃，可以昼夜放风。

发病初期选择晴天的上午闭棚，使生长点附近温度迅速升高至 40℃，调节风口，使温度缓慢升至 45℃，维持 2 小时，然后大放风降温。处理时，若土壤干燥，可在前一天适量浇水；处理后，适当追肥。每次处理间隔 7~10 天。

在发病初期用药，每亩用 72% 霜脲·锰锌可湿性粉剂 800 倍液，或 68.75% 氟菌·霜霉威悬浮剂 1 000 倍液，或 64% 噁霜·锰锌可湿性粉剂 1 000 倍液，或 80% 烯酰·噻霉酮水分散粒剂 1 000 倍液等进行喷雾防治。

（4）疫病（图 3-32）。疫病是一种毁灭性病，病菌的寄主范围广，可侵染瓜类、茄果类、豆类蔬菜。

①症状：疫病在蔬菜的整个生育期均可发生，茎、叶、果实、根都可发病。苗期发病，茎基部暗绿色水渍状软腐，导致幼苗猝倒；或产生褐色至黑褐色大斑，导致幼苗枯萎。成株期发病，叶片出现暗绿色圆形或近圆形的大斑，直径为 2~3 厘米，后边缘为黄绿色，中央为暗褐色；果实先于蒂部发病，病果变褐软腐，潮湿时，表面长出白色稀疏霉层；干燥时，形成僵果挂于枝上；茎秆的病部变为褐色或黑色，茎基部最先发病，分枝处症状最为多见；如被害茎在木质化前发病，则茎秆明显缢缩，植株迅速凋萎死亡。

②防控措施：与茄科、葫芦科以外的作物实行 2~3 年的轮作；种子消毒可以用 52℃ 温水浸种 30 分钟，或清水预浸 10~12 小时后，用 1% 硫酸铜浸种 5 分钟，拌少量草木灰，或 72.2% 普力克水剂 1 000 倍液浸种 12 小时，洗净催芽；进入雨季，气温

图3-32 黄瓜疫病

高于32℃，注意暴雨后及时排水，棚内应控制浇水，严防湿度过高；及时发现中心病株，并拔除销毁，减少初侵染源。

发病前，喷洒植株茎基和地表，防止初侵染；生长中后期，以田间喷雾为主，防止再侵染。田间出现中心病株和雨后高温多温时，应喷雾与浇灌并重。可以选用的药剂有68％精甲霜·锰锌水分散粒剂600~800倍液，或72％霜脲·锰锌可湿性粉剂600倍液，或53％富多宝烯酰·代森联水分散粒剂250~350倍液等进行预防。发病初期选用50％烯酰吗啉可湿性粉剂1 500倍液，或18％吲唑磺菌胺悬浮剂1 500倍液，或10％氰霜唑悬浮剂2 000倍液等，喷雾防治。7~10天用药1次，共3~4次。

（5）病毒病（图3-33）。病毒病症状十分复杂。

①症状：田间常因多种病毒复合侵染而使症状表现复杂。可分为花叶型、黄化型、坏死型、畸形型4种类型。

②防控措施：育苗阶段注意及时防治蚜虫，有条件的采用防虫网覆盖育苗或用银灰色遮阳网育苗避蚜防病。在发病初期开始喷药防治，每隔7~10天喷1次，连续防治2~3次，具体视病情发展而定。药剂可选用20％吗啉胍·乙铜可湿性粉剂800倍液，或10％吗啉胍·羟烯水剂1 000

图3-33　甜瓜病毒病

倍液，或0.04％芸薹素内酯水剂10 000倍液等喷雾防治。

（6）白菜根肿病（图3-34、图3-35）。十字花科蔬菜的重要病害之一，发病严重的田块，可造成植株成片萎蔫和死亡，对产量影响很大。

①症状：白菜类蔬菜幼苗到成株期均可受害，仅为害根部，以根部被害后形成肿瘤为主要特征。病株表现矮黄，叶色变淡，生长缓慢，晴天中午病株凋萎，后整株死亡。挖出病株可见主根、侧根上形

图3-34 白菜根肿病

图3-35 花菜根肿病

成大小不一的肿瘤，主根上肿瘤大而量少，侧根上肿瘤小而量多。发病初期肿瘤光滑，圆球形或近球形，后期变为粗糙、龟裂；在发病初期地上部分病状不明显，后期表现为生长迟缓、矮化等缺水缺肥症状，病株自基部叶片开始，出现萎蔫，初始白天萎蔫，晚间或阴雨天能恢复，而后重病地块病株不能恢复、逐渐褪黄、萎蔫、死亡。病部易被软腐病等细菌侵染，造成组织腐烂发出臭味，成片死亡。

②防控措施：合理轮作，重病地与非十字花科蔬菜作物实行4年以上轮作。酸性土壤每亩施用生石灰100~150千克，调节土壤pH值以7~7.2为宜。药剂防治：可在苗期用100亿/克枯草芽孢杆菌可湿性粉剂500倍液在出苗后第3、第10天浇菌液，移栽时带土浸100亿个/克枯草芽孢杆菌300倍液，或移栽后用100亿个/克枯草芽孢杆菌600倍液浇定根水。也可用15%恶霉灵水剂500倍液浇根，每穴药液量为250毫升，每隔7天，连续3~4次。收获前10天须停止用药。

（7）白粉病（图3-36）。白粉病是瓜果类、茄果类、豆类蔬菜栽培中常见病害。由于近年来，白粉病产生一定抗药性，而且一年四季均可发病，给防治带来一定难度。一般年份减产在10%左右，流行年份减产在20%~40%。

①症状：苗期至收获期均可染病，主要为害叶片，叶柄和茎次之，一般不侵染果实。叶片染病，初始在叶片背面或正面产生白色粉状小圆斑，后逐渐扩大为不规则、边缘不明显的白粉状霉斑（即病菌的分生孢子梗和分生孢子）。随着病情发展，病斑连接成片，布满整张叶片，受害部分叶片表现褪绿和变黄，发病后期病斑上产生许多黑

褐色的小黑点（即病菌的闭囊壳），最后白色粉状霉层老熟，变成灰白色。发病严重时，病叶组织变为黄褐色而枯死。高湿条件下，病菌也可侵染瓜茎和花器，产生白色粉斑，症状与叶片类似，病斑较小。

②防控措施：根据各地气候条件，选择适宜的品种。无病株采种或进行种子消毒，先将种子在清水中预浸3~4小时，然后移入55℃温水浸15分钟，冷却晾干备用；或用福尔马林300倍液浸种15分钟，洗净晾干播种；或每千克用2.5%适乐时4~6毫升拌

图3-36　南瓜白粉病

种。苗床消毒每平方米用50%福美双或50%多菌灵可湿性粉剂6~8克，拌细土5千克，三分之一药土铺底，三分之二覆种。蔬菜收获后，及时清除病残体；实行2~3年轮作；施足有机底肥，培育壮苗；结果后，及时追肥，防早衰；雨季要及时排水，棚室栽培可采用高畦双行法，增加通风透光条件；及时摘除病叶、病枝和病果，深埋或烧毁。

发病初期可以用29%吡萘·嘧菌酯悬浮液1 500倍液，或36%硝苯菌酯乳油1 500倍液，或43%氟菌·肟菌酯悬浮剂2 000倍液，或25%乙嘧酚磺酸酯悬浮液1 000倍液等，重点喷施发病中心及周围植株。每隔7~10天1次，连续用药2~3次。

（8）枯萎病（图3-37、图3-38）。枯萎病又称蔓割病或萎蔫病，是蔬菜的重要土传病害。病害为害维管束、茎基部和根部，引起全株发病，导致整株萎蔫，以致枯死，损失严重。

①症状：该病的典型症状是萎蔫。田间发病一般在植株开花结果后。发病初期，病株表现为全株或植株一侧叶片中午萎蔫，似缺水状，早晚可恢复；数日后，整株叶片枯萎下垂，直至整株枯死。主蔓基部纵裂；裂口处流出少量黄褐色胶状物，在潮湿条件下，病部常有白色或粉红色霉层。纵剖病茎，可见维管束呈褐色。幼苗发病，子叶变黄萎蔫或全株枯萎，茎基部变褐，缢缩，导致立枯。

②防控措施：育苗采用营养钵，避免定植时伤根；减轻病害；施

图3-37　黄瓜枯萎病　　　图3-38　黄瓜枯萎病，维管束变色堵塞

用腐熟粪肥；结果后，小水勤灌，适当多中耕，使根系健壮，提高抗病力。用木霉菌等颉抗菌拌种或土壤处理也可抑制枯萎病的发生；用含有腐生镰刀菌和木霉菌的玉米粉20％、水苔粉1％、硫酸钙1.5％与磷酸氢二钾0.5％混合添加物，施入病土中，防治效果达到92％。

定植前20~25天，用95％棉隆处理土壤，每亩用10千克药剂拌细土120千克，撒于地表，耕翻20厘米，用薄膜盖12天，熏蒸土壤；苗床每平方米用50％多菌灵可湿性粉剂8克配成药土进行消毒，或每亩用50％多菌灵可湿性粉剂4千克配成药土，施于定植穴内。

在植株零星发病时用药，可选用325克/升苯甲·嘧菌酯悬浮剂1 500倍液，或99％噁霉灵原药3 000倍液，或68％噁霉·福美双可湿性粉剂750倍液等，喷雾与灌根相结合，每株灌药液250~500毫升，每隔7~10天1次，连续防治3~5次。

（9）晚疫病（图3-39、图3-40）。晚疫病是番茄的重要病害之一，阴雨的年份发病重。

①症状：晚疫病在蔬菜的整个生育期均可发生，幼苗、茎、叶和果实均可受害。叶片发病多从叶尖、叶缘或叶面凹陷处开始，先为水浸状暗绿色小斑点，后扩大成不规则大斑，边缘不明显，颜色由浅变深呈黑褐色，湿腐状，潮湿时病斑边缘产生棉絮状稀疏的白霉，茎上病斑多从叶柄扩展所致，黑褐色凹陷条斑，湿度大时产生白霉。果实多在青果期发病，在近果柄处产生褐色大斑，边缘呈不规则云状纹，湿度大时产生白霉。

图3-39　番茄晚疫病病果　　　　图3-40　番茄晚疫病病叶

②防控措施：种植抗病品种，与同科作物实行3年以上轮作；合理密植，采用高畦种植，控制浇水，降低田间湿度。设施地应从苗期开始，严格地控制生态条件，尤其是防止出现高湿度条件。

发现中心病株后，应及时拔除，并销毁重病株，摘除轻病株的病叶、病枝、病果，对中心病株周围的植株进行喷药保护，重点是中下部的叶片和果实。可选用68%精甲霜·锰锌水分散粒剂600~800倍液，或72%霜脲·锰锌可湿性粉剂600倍液，或18.7%烯酰·吡唑酯水分散粒剂600~800倍液等进行预防。发病初期选用50%烯酰吗啉可湿性粉剂1 500倍液，或687.5克/升氟菌·霜霉威悬浮剂1 000倍液，或10%氰霜唑悬浮剂2 000倍液等喷雾防治。

（10）叶霉病（图3-41）。番茄叶片主要病害。

①症状：主要为害叶片，严重时也为害茎、果、花。叶片被害，多从植株下部叶片开始发病，逐渐向上蔓延；发病初期叶片正面为淡黄色，边缘不明显，叶背出现不规则或椭圆形淡黄或淡绿色的褪绿病斑，初生白色霉层（病菌分生孢子及分生孢子梗），后变成灰褐色或黑褐色绒状霉层；严重时病叶干枯卷曲，甚至引起全株叶片卷曲而死亡。果实染病，从蒂部向四周扩展，果面形成黑色

图3-41　番茄叶霉病

或不规则形斑块，硬化凹陷。

②防控措施：和非茄科作物进行三年以上轮作，以降低土壤中菌源基数。播前种子用52℃温水或1%高锰酸浸种30分钟。选择晴天中午时间，采取两小时左右的30~33℃高温处理，然后及时通风降温，对病原菌有较好的控制作用。棚室及时通风，适当控制浇水，浇水后及时通风降湿；及时整枝打杈，摘除病叶，以利通风透光；实施配方施肥，避免氮肥过多，适当增加磷、钾肥。在发病初期开始喷药保护，着重喷洒叶片背面，每隔7~10天1次，连续防治1~3次，具体视病情发展而定。药剂可选用38%唑醚·啶酰菌水分散粒剂1 000倍液，或43%氟菌·肟菌酯悬浮剂2 000倍液，或50%异菌脲可湿性粉剂800倍液，或50%腐霉利可湿性粉剂1 000倍液等喷雾，注意交替用药。

（11）灰霉病（图3-42、图3-43）。灰霉病是设施蔬菜常见且比较难防治的一种病害。

①症状：花、果、叶、茎均可发病，造成烂叶、烂花、烂果。果实染病，先是开过的花受害，后向果柄及果上发展，使果皮变灰白色、软腐，很快在花托、果柄及果面上产生大量土灰色霉层，最后病果失水成僵果。叶片发病从叶尖开始，沿叶脉间呈"V"形向内扩展，灰褐色，边有深浅相间的纹状线，病健交界分明，湿度大时软烂，长灰霉，干燥时则病斑干枯。

病苗色浅，叶片、叶柄发病呈灰白色，水渍状，组织软化至腐烂，高湿时表面生有灰霉。幼茎多在叶柄基部初生不规则水浸斑，很

图3-42　叶片上病斑，呈"V"形，密生灰霉　　图3-43　茄子灰霉病烂果

快变软腐烂，缢缩或折倒，最后病苗腐烂枯萎病死。

②防控措施：发病初期，选用38％唑醚·啶酰菌水分散粒剂1 000倍液，或43％氟菌·肟菌酯悬浮剂2 000倍液，或50％异菌脲可湿性粉剂800倍液，或50％腐霉利可湿性粉剂1 000倍液等喷雾，注意交替用药。

（12）青枯病（图3-44、图3-45）。茄果类、瓜果类蔬菜常见的维管束系统性病害之一，各地普遍发生，南方及多雨年份发生普遍而严重。发病严重时造成植株青枯死亡，导致严重减产甚至绝收。

①症状：受害株苗期为害症状不明显，植株开花结果以后，病株开始表现出为害症状。叶片色泽变淡，呈萎蔫状。叶片萎蔫先从上部叶片开始，随后是下部叶片，最后是中部叶片。发病初始叶片中午萎蔫，傍晚、早上恢复正常，反复多次，萎蔫加剧，最后枯死，但植株仍为青色。病茎中、下部皮层粗糙，常长出不定根和不定芽，病茎维管束变黑褐色，但病株根部正常。横切病茎后在清水中浸泡或用手挤压切口，有乳白色黏液溢出（病菌菌脓）。该菌主要通过雨水、灌溉水及农具传播，病薯块及带菌肥料也可带菌。病菌从根部或茎基部伤口侵入，在植株体内的维管束组织中扩展，造成导管堵塞及细胞中毒。病菌喜高温、高湿、偏酸性环境，发病最适气候条件为温度30~37℃，最适 pH 值为6.6。

图3-44　番茄青枯病

图3-45　维管束变褐色

②防控措施：与十字花科蔬菜或禾本科作物 4 年以上轮作，最好实行水旱轮作；加强肥水管理，采用深沟高畦栽培，加强排水，防止大水漫灌；施用充分腐熟的有机肥；发现病株及时拔除，并施石灰于穴中消毒。

在发病初期及时用药剂灌根保护，每隔 7~10 天 1 次，连用 3 次。药剂可选用 20％噻唑锌悬浮剂 300~400 倍液，或 20％噻菌铜悬浮剂 500 倍液，或 77％氢氧化铜可湿性微粒粉 500 倍液灌根，每株灌药液 250 毫升左右。

（13）菌核病（图 3-46、图 3-47、图 3-48）。菌核病发生很普遍，可侵害十字花科、豆科、茄科等多科蔬菜。

①症状：菌核病为害茎、叶片、叶球等，幼苗至成株期均可发生。幼苗受害，在茎基部出现水渍状病斑，后腐烂或猝倒。叶片、叶柄及叶球受害部位初始产生不明显的水渍状，后病部组织软腐，并产生白色棉絮状菌丝及黑色菌核。茎部受害主要在茎基部和分叉处，引起组织腐烂而中空，剥开可见白色棉毛状菌丝及黑色菌核。

②防控措施：深翻土壤，使菌核不能萌发；清除混杂在种子中的菌核，避免混入苗床；排出积水、通风降湿；采用地膜覆盖栽培；清除病叶、病株和病果，集中销毁。实行轮作，发病地块实行与禾本科作物、水生蔬菜或葱蒜类蔬菜轮作 2~3 年。苗床消毒。每平方米苗床用 50％多菌灵可湿性粉剂 10 克加干细土 10~15 千克拌匀后撒施。药剂防治可选用 50％啶酰菌胺水分散粒剂 1 500 倍液，或 43％氟菌·肟

图3-46　甘蓝菌核病　　　图3-47　花椰菜菌核病　　　图3-48　茄子菌核病

菌酯悬浮剂2 000倍液，或50％腐霉利可湿性粉剂1 000倍液等喷雾，注意交替用药。

（14）细菌性角斑病（图3-49）。细菌性角斑病是蔬菜生产上的主要病害，随着近年来设施栽培的普及，该病的为害日趋严重。

①症状：发生在叶片、茎和瓜上，以叶为主。叶上开始为水浸状浅绿色斑，渐变成浅黄褐色，病斑小，多角

图3-49　黄瓜细菌性角斑病流行

形，中央干枯开裂成小孔。瓜和茎上的病斑为水浸状小圆斑，后变成干枯灰白色开裂。湿度大时病斑背面溢出白色菌脓。此病与霜霉病均为多角形病斑，其区别是病斑小而色浅，后期穿孔，斑的背面有白色菌脓，而霜霉病的病斑大而色深，不穿孔，斑的背面长黑霉。

②防控措施：从无病植株上留种，种子用70℃恒温干热灭菌72小时，或50~52℃温水浸种20分钟，捞出晾干后，催芽播种，或转入冷水泡4小时，再催芽播种；用代森铵水剂为500倍液浸种1小时取出，用清水冲洗干净催芽播种；用40％福尔马林150倍液浸种1.5小时，或100万单位硫酸链霉素500倍液浸种2小时，冲洗干净后催芽播种；也可以用新植霉素200微克／克浸种1小时，用清水浸种3小时催芽播种。

培育无病种苗，用无病土苗床育苗。生长期和收获后清除病叶，及时深埋。设施地适时放风，降低棚室湿度，发病后，控制灌水，促进根系发育，增强抗病能力。收获后，清除病株残体，翻晒土壤等。

药剂防治可在发病初期选用20％噻唑锌悬浮剂300~400倍液，或2％春雷霉素水剂300~500倍液，或3％噻霉酮微乳剂750倍液等灌根，每7天1次，连续防治3~4次。

（15）根结线虫病（图3-50、图3-51）。近几年来，随着设施蔬菜栽培面积的扩大，根结线虫病的发生正在逐年加重，该病是毁灭性

病害，在老菜地、重茬地发病严重。轻者减产 10％ 左右，重者减产达 60％~70％，甚至造成全大棚、温室蔬菜毁种。根结线虫寄主范围广，可以为害黄瓜、番茄、茄子、青椒、芹菜、菜豆、莴苣、甘蓝、大白菜等 30 多种蔬菜。

①症状：植株矮小，发育不良。在土壤干旱和水分供应不足时，中午前后可出现萎蔫症状。发病轻微时，仅表现叶片有些发黄，地上部表现症状因为其发病的轻重程度不同而异，轻者症状不明显，重者植株生育不良，影响结实，发病严重时，全田枯死。一般主根腐朽而侧根和须根增多，并在侧根和须根上形成许多大大小小的瘤状根节，俗称瘤子。形状不正，质地柔软，开始乳白色，到后期变成淡褐色，表面有时龟裂。剖开根节，内有极小鸭梨形白色的雌虫体。根结之上一般可长出细弱的新根，使寄主再度染病，形成根瘤。

图3-50 长瓜根结线虫病　　图3-51 长瓜根结线虫，植株黄矮滞长

②防控措施：选用无虫土育苗。清除带虫残体，压低虫口密度，带虫根晒干后应销毁。将表土翻至 25 厘米以下，可减轻虫害发生。线虫发生多的田块，改种抗（耐）虫作物如葱、蒜、韭菜、辣椒、甘蓝、菜花等，可减轻线虫的发生。利用夏季高温休闲季节，起垄灌水覆地膜，密闭棚室两周。化学防治老病区每亩施用 10％ 福气多（噻唑磷）颗粒剂 2 千克，或 2 亿孢子/克淡紫拟青霉粉剂 2 千克等在整地时混入耕土层。发病初期选用 41.7％ 氟吡菌酰胺悬浮剂 15 000 倍液，

或5%阿维菌素微乳剂3 000倍液等喷淋定植穴。

2.设施蔬菜主要害虫

（1）蚜虫（图3-52）。常见的主要有桃蚜、萝卜蚜、甘蓝蚜3种，常混合发生。

①为害情况：成蚜、若蚜吸食寄主汁液，可分泌大量蜜露，污染叶片和果实，发生煤污病，还可传播病毒病。受害作物，叶片黄化、卷缩，菜株矮

图3-52　蚜虫若虫

小。大白菜、甘蓝常不能包心结球，留种株不能正常抽薹、开花和结荚。蚜虫主要靠有翅蚜迁飞扩散和传毒，从越冬寄主到春菜、夏菜，再到秋菜，田间发生有明显的点片阶段。蚜虫营孤雌生殖，一头雌蚜可产仔数十头至百余头，条件适宜时4~5天繁殖一代，很快蔓延全田。在春末夏初和秋季出现两个为害高峰。

②防控措施：蚜虫繁殖和适应力强，种群数量巨大，因此，各种方法都很难取得根治的效果，但如果抓住防治适期，往往就会事半功倍。春季的早期防治是蚜虫防治的最佳时期。

图3-53　瓢虫捕食蚜虫

在蚜虫始盛期（点片为害），选用10%氟啶虫酰胺水分散粒剂1 500倍液，或70%吡虫啉水分散粒剂5 000倍液，或25%噻虫嗪水分散粒剂8 000倍液，或10%啶虫脒微乳剂2 000倍液等喷雾防治，重点喷施植株嫩叶嫩心、花序、花蕾和叶片背面。其他还可以结合一般生物防治方法，如保护瓢虫、草蛉等天敌，瓢虫捕食蚜虫（图3-53），施放真菌，人工诱集捕杀等生物防治法，清除枯枝杂草等病虫残物，选育和推广抗性品种等。

（2）烟粉虱（图3-54、图3-55）。俗称小白蛾子。食性极杂，寄主作物多达600余种。

图3-54　烟粉虱若虫　　　　　　　图3-55　烟粉虱成虫

①为害情况：烟粉虱一年可发生11~15代，且世代重叠。在保护地栽培中各虫态均可安全越冬。在自然条件下，不同地区越冬虫态不全一样，多以卵或成虫在杂草上越冬，也有以卵、老熟若虫越冬。越冬主要在绿色植物上，少数可以在残枝落叶上越冬。以成虫、若虫群集叶背刺吸植物汁液，被害叶片褪绿变黄、萎蔫，导致植株衰弱，甚至全株枯死，还分泌蜜露诱发煤霉病，并可传播70多种病毒病。成虫有趋嫩性，通常在嫩叶顶部产卵。

②防控措施：合理安排越冬茬口，在保护地秋冬茬，种植烟粉虱不喜好的半耐寒性叶菜如芹菜、生菜、韭菜等，从越冬环节上切断其自然生活史；培育无虫苗，设置30目防虫网隔离育苗，冬、春季加温苗房避免混栽，清除残株、杂草和熏蒸残存成虫；生物防治可利用丽蚜小蜂、草蛉等控制烟粉虱为害；药剂防治，在烟粉虱种群密度较低时及时用药，必须连续防治几次方能控制为害。药剂可选用22.4%螺虫乙酯悬浮剂1 500倍液，或22%氟啶虫胺腈悬浮剂1 500倍液，或22%螺虫·噻虫啉悬浮剂1 000~1 500倍液等喷雾防治。防治时间以早晨温度较低时为宜，此时烟粉虱活动不频繁，用药时应着重喷施叶背面，喷匀喷透。且烟粉虱对化学农药极易产生抗性，因此必须注意轮换用药，以延续抗药性产生。

（3）螨（红蜘蛛）（图3-56）。食性杂，在蔬菜上主要为害茄子、辣（甜）椒、马铃薯、各种瓜类、豆类等。

①为害情况：成螨、幼螨集中在寄主幼芽、嫩叶、花、幼果等幼嫩部位刺吸汁液，尤其是尚未展开的芽、叶和花器。被害叶片增厚僵直、变小或变窄，叶背呈黄褐色、油渍状，叶缘向下卷曲。幼茎受害后变褐色，丛生或秃尖。花蕾受害后畸形，果实受害后变褐色，粗糙，无光泽，出现裂果，植株矮缩。由于虫体较小，肉眼常难以发现，且为害症

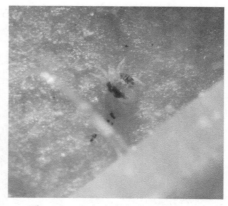

图3-56　西瓜叶片上的螨（放大）

状又和病毒病或生理病害相似，生产上要注意辨别。茶黄螨主要靠爬行、风力、农事操作等传播蔓延。幼螨喜温暖、潮湿的环境条件。成螨较活跃，且有雄螨负雌螨向植株上部幼嫩部位转移的习性。

②防控措施：根据螨越冬卵孵化规律和孵化后首先在杂草上取食繁殖的习性，早春进行翻地，清除地面杂草，保持越冬卵孵化期间田间没有杂草，使螨因找不到食物而死亡

在点、片发生期及时防治。防治药剂可选用20％丁氟螨酯悬浮剂2 000倍液，或43％联苯肼酯悬浮剂3 000倍液，或110克/升乙螨唑悬浮剂3 000倍液，或24％螺螨酯悬浮剂4 000倍液等喷雾防治。喷药时要重点喷洒植株上部嫩叶背面、嫩茎、花器、生长点及幼果等部位，并注意交替轮换用药。

（4）潜叶蝇（图3-57）。潜叶蝇是主要为害蔬菜的潜叶蝇类害虫。

图3-57　番茄潜叶蝇

①为害情况：成虫、幼虫均可造成为害，雌成虫在飞翔中用产卵器刺伤叶片，取食汁液，并将卵散产于其中，每头雌成虫产卵量在200粒左右。雄虫不刺伤叶片，取食雌成虫刺伤点中的汁液。初孵的幼虫即潜叶为害植物的叶片，造成不规则

的白色虫道，破坏叶绿素，影响光合作用，严重时叶片可脱落。幼虫也可潜食嫩荚及花梗。幼虫经过3个龄期的发育，老熟后爬出虫道，在叶片上或落入土缝中化蛹。

②防控措施：适时灌溉，清除杂草，消灭越冬、越夏虫源，降低虫口基数；科学利用天敌，释放姬小蜂、反颚茧蜂、潜叶蜂等天敌；在卵孵高峰期至低龄幼虫始盛期，选用10%溴氰虫酰胺可分散油悬浮剂1 500倍液，或50%灭蝇胺可湿性粉剂2 500倍液等喷雾防治。每隔10~15天1次，共防治2~3次。

（5）小菜蛾（图3-58、图3-59）。俗称两头尖、方块虫、小青虫，是世界性十字花科蔬菜的重要害虫，主要为害甘蓝、花椰菜、白菜、萝卜、油菜、芥菜等，重发年如防治不力，可造成毁灭性灾害。

①为害情况：初孵幼虫潜叶取食叶肉，残留叶面表皮，使叶片成透明的斑块，俗称"开天窗"，2龄后在叶面为害，前3龄食量少，4龄为暴食期，占总食量的78%左右，可将叶片吃穿成孔洞或缺刻，虫口密度高时，可将叶肉全部吃光，只剩叶柄和叶脉。

图3-58　小菜蛾成虫　　　　　3-59　小菜蛾幼虫

②防控措施：在害虫发生高峰时，摘除带虫叶片销毁。适当疏植，增加田间通透性。及时清洁田园，把病残体集中深埋、沤肥或烧毁。

在低龄幼虫始盛期，选用5%虱螨脲乳油2 000倍液，或10%溴氰虫酰胺可分散油悬浮剂750倍液，或24%虫螨腈悬浮剂1 500倍液，或15%茚虫威乳油1 000倍液等喷雾防治喷雾防治，每隔10~15天1次，共防治2~3次。

（6）棉铃虫（图3-60、图3-61）。棉铃虫又称棉铃实夜蛾、蛀

图3-60　棉铃虫钻蛀辣椒　　　　3-61　棉铃虫为害玉米穗部

虫、玉米穗虫，是一种常见的杂食性害虫。主要为害辣（甜）椒、番茄、南瓜、葫芦、玉米等多种作物。

①为害情况：以幼虫为害。一般低龄幼虫在青椒植株上部食育幼嫩茎、叶、芽、顶梢；稍大后，则开始蛀食花蕾、花；3龄以后，可蛀入果内，啃食果肉，果实被害。造成腐烂，严重地影响产量和品质。

②防控措施：秋季耕翻土地，可杀死一部分越冬虫源。在卵发生期，有条件的地区可以释放赤眼蜂；或用绿僵菌、甘蓝夜蛾核型多角体病毒、Bt乳剂等生物农药800~1 000倍液喷雾，防治幼虫。

在卵孵高峰期至低龄幼虫始盛期，选用10%溴氰虫酰胺可分散油悬浮剂750倍液，或5%氯虫苯甲酰胺悬浮剂1 000倍液，或45%甲维·虱螨脲水分散粒剂3 000倍等喷雾防治。

（7）甜菜夜蛾（图3-62、图3-63）。甜菜夜蛾又叫玉米叶夜蛾、玉米小夜蛾、贪夜蛾、白菜褐夜蛾，为害谷类、豆类、芝麻、花生、玉米、棉花、茶树、苜蓿等170多种植物。

①为害情况：初孵幼虫结疏松网在叶背群集取食叶肉，受害部位呈网状半透明的窗斑，干枯后纵裂。3龄后幼虫开始分群为害，可将叶片吃成孔洞、缺刻，严重时，全部叶片被食尽，整个植株死亡。4龄后幼虫开始大量取食，蚕食叶片，啃食花瓣，蛀食茎秆和果荚。

②防控措施：合理轮作，避免与寄主植物轮作套种，清理田园、去除杂草落叶均可降低虫口密度。早春铲除田间地边杂草，消灭杂草上的初龄幼虫。在虫卵盛期，结合田间管理，提倡早晨、傍晚人工捕捉大龄幼虫，挤抹卵块。在夏季干旱时灌水，增大土壤的湿度，恶化甜菜夜蛾的发生环境，也可以减轻其发生。

图3-62 甜菜夜蛾卵块　　　　　3-63 甜菜夜蛾幼虫

成虫始盛期，各代成虫盛发期用杨柳枝把诱蛾，消灭成虫，减少大田落卵量。利用性诱剂诱杀成虫。

根据幼虫为害习性，防治适期应掌握在卵孵高峰至3龄幼虫分散前，一般选择在傍晚太阳下山后施药，用足药液量，均匀喷雾叶面及叶背，使药剂能直接喷到虫体和食物上。触杀、胃毒并进，增强毒杀效果，是提高防治效果的关键技术措施。在卵孵高峰期选用5％氟虫脲乳油2 000~2 500倍液，或50克/升氟啶脲乳油1 000倍液等喷雾防治。在低龄幼虫始盛期选用24％甲氧虫酰肼悬浮剂3 000倍液，或6％乙基多杀菌素悬浮剂2 000倍液，或5％虱螨脲乳油2 000倍液，或15％茚虫威乳油1 000倍液等喷雾防治。

（8）斜纹夜蛾（图3-64、图3-65）。又名斜纹夜盗蛾、莲纹夜蛾、莲纹夜盗蛾、花虫。斜纹夜蛾属鳞翅目夜蛾科，是一种间歇性暴发的暴食性害虫，食性极杂。寄生范围极广，寄主植物多达99个科290多种。

①为害情况：初孵幼虫在卵块附近昼夜取食叶肉，留下叶片的表

图3-64 斜纹夜蛾幼虫　　　　　3-65 斜纹夜蛾卵块

皮，将叶片取食成不规则的透明白斑，遇惊扰后四处爬散，或吐丝下坠，或假死落地。2~3龄开始分散转移为害，也仅取食叶肉。4龄后昼伏夜出，晴天在植株周围的阴暗处或土缝里潜伏，阴雨天气的白天也有少量个体出来取食，多数仍在傍晚后出来为害，并食量骤增，黎明前又躲回阴暗处，有假死性及自相残杀现象；取食叶片的为害状为小孔或缺刻，严重时可吃光叶片，并为害幼嫩茎秆或取食植株生长点，还可钻食甘蓝、大白菜等菜球，茄子等多种作物的花和果实，造成烂菜、落花、落果、烂果等。为害后造成的伤口和污染，使植株易感染软腐病。在田间虫口密度过高时，幼虫有成群迁移习性。幼虫老熟后，入土1~3厘米，作土室化蛹。

②防控措施：参照"甜菜夜蛾"。

（9）葱蓟马（图3-66）。葱蓟马又名烟蓟马、棉蓟马。

①为害情况：葱蓟马主要为害葱、洋葱、大蒜和葫芦科、茄科蔬菜，葱和洋葱受害最重。成虫和幼虫吸食植物心叶和嫩芽的汁液，在葱叶上形成许多细密的灰白色长形斑纹，严重时，叶尖枯黄，叶片枯萎扭曲。

②防控措施：清除田间枯枝残叶，减少越冬基数。

植株心叶始见有2~3头蓟马时，应及时用药。药剂可选用6%乙基多杀霉素悬浮剂1 500倍液，或10%溴氰虫酰胺可分散油悬浮剂750倍，或22%特福力氟啶虫胺腈悬浮剂1 500倍液等喷雾防治。重点喷施植株中下部叶片正反面、茎秆和畦面等，注意杀虫剂轮用和混用，减缓抗药性的产生和发展。

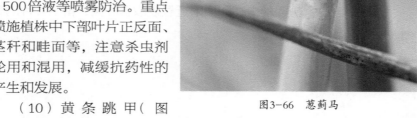

图3-66　葱蓟马

（10）黄条跳甲（图3-67、图3-68）。又名菜虱子、土跳蚤、黄跳蚤、狗虱虫。主要为害作物以甘蓝、花椰菜、白菜、菜薹、萝卜和油菜等十字花科蔬菜，也为害茄果类、瓜类和豆类蔬菜。

 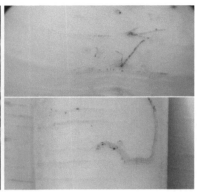

图3-67 黄条跳甲成虫为害叶片　　图3-68 黄条跳虫幼虫咬食萝卜根皮

①为害情况：成虫会飞，善跳，性极活泼，成虫啃食叶片，造成叶片孔洞，光合作用降低，最后只剩叶脉，甚至死亡；幼虫于土中咬食根皮，咬断须根，使根系吸水吸肥能力下降，萝卜被害呈许多黑斑，影响蔬菜商品性和产量及品质。

②防控措施：可应用生物制剂昆虫病原线虫防治黄曲条跳甲幼虫，萝卜黄曲条跳甲的防治适期为萝卜播种后的30天内使用（跳甲幼虫高峰期之前），每隔15天左右1次，共使用2~3次，使用剂量为1亿尾/亩，对水30升，进行土壤表面喷雾。青菜生育期短，一般播种后30~45天可采收，幼虫在土壤中取食为害根系，成虫在地面为害叶片，影响青菜商品性，因此，青菜地可在播种当天单用昆虫病原线虫制剂，然后视成虫发生量，中前期结合化学农药开展防治（针对黄曲条跳甲成虫），播种15~20天后停止防治。药剂防治主要针对地上取食为害的成虫，可选用10％溴氰虫酰胺油悬浮剂750~1 000倍液，或40％溴酰·噻虫嗪悬浮剂1 500倍液，或18.1％氯氰菊酯乳油1 000倍液喷雾防治。药剂注意轮用，以减缓抗药性的产生和发展。

（11）菜青虫（图3-69、图3-70）。常发性害虫，偏嗜十字花科蔬菜，其中较喜好甘蓝、花椰菜、白菜、萝卜；也可为害其他植物，如莴苣、苋菜等。

①为害情况：幼虫取食叶片为主，成虫白天活动取食花蜜，交尾产卵，卵散产，多产在叶背面，春秋气温低时也产在叶面上。每雌可产卵100~200粒。幼虫多在叶背和叶心为害。老熟幼虫化蛹前停止

图3-69　菜青虫幼虫　　　　　3-70　菜青虫卵

取食。

②防控措施：参照小菜蛾。

（12）豆野螟（图3-71、图3-72）。又称豇豆野螟、豇豆钻心虫、豆荚野螟、豆螟蛾等，主要为害豇豆、菜豆、扁豆、大豆、豌豆、蚕豆等豆科作物。

①为害情况：幼虫蛀食花、豆荚。初孵幼虫随即蛀入花蕾进行为害，可在花蕾中取食一直到老熟幼虫，然后脱落化蛹；或被害花瓣粘在豆荚顶部或脱落后粘在豆荚上，蛀入豆荚继续为害，幼虫有转花、荚为害的习性，老熟幼虫落地化蛹。3龄幼虫开始排出大量的粪便，若遇雨天容易引起腐烂。

②防控措施：可采用防虫网覆盖，播种前深翻一次土壤，可有效隔离各种害虫为害。根据该虫的生活习性，药剂防治应掌握在花期进行挑治。从第一次花期开始每隔5~7天喷1次，连续防治2~3次，然后视虫情发展而定。注意重点喷施花蕾、嫩荚和落地花，用药时间

图3-71　豆野螟孵化后取食花瓣　　　3-72　豆野螟蛀食豇豆为害状

宜在上午 10:00 前豆花盛开时或在傍晚喷药，以提高防治效果。药剂可选用 15% 茚虫威悬浮剂 3 000 倍液，或 10% 溴氰虫酰胺油悬浮剂 750 倍液，或 5% 氯虫苯甲酰胺悬浮剂 1 000 倍液。

（13）二十八瓢虫（图 3-73、图 3-74）。主要为害茄子、番茄、马铃薯、青椒等茄科蔬菜，分布广泛。

①为害情况：成、幼虫均可为害，取食叶片为主，在夏秋季发生最多，为害最重。成虫白天活动，有假死性和自残性。雌成虫卵产于叶背，越冬代平均产卵 400 多粒，以后各代平均产卵约 200 粒，初孵幼虫群集为害，以后分散为害。老熟幼虫在原处或枯叶中化蛹。以成、幼虫舐食叶肉，残留上表皮成网状，严重时食尽全叶。此外还能取食花瓣、萼片，茄子果实被害，受害部位变硬，带有苦味，影响产量和质量。

图3-73　二十八星瓢虫幼虫　　　3-74　二十八星瓢虫成虫

②防控措施：清除越冬场所，及时处理收获的马铃薯、茄子等残株，减少越冬虫源；利用成虫的假死性，用盆承接，并叩打植株使之坠落，收集后杀灭；人工摘除卵块：雌成虫产卵集中成群，颜色艳丽，极易发现，易于摘除。在幼虫初孵时，及时用药防治，药剂可用 4.5% 高效氯氰菊酯乳油 1 500 倍液，或 8.1% 氯氰菊酯乳油 1 000 倍液，或 10% 溴氰虫酰胺油悬浮剂 1 000~1 500 倍液，喷雾防治。

（14）瓜绢螟（图 3-75、图 3-76）。常发性害虫，主要为害丝瓜、苦瓜、黄瓜、冬瓜等瓜果类蔬菜作物。

①为害情况：以幼虫取食叶片或蛀食果实。初孵幼虫取食嫩叶，残留表皮成网斑。3 龄后开始吐丝卷叶为害。幼虫活泼，受惊后吐丝

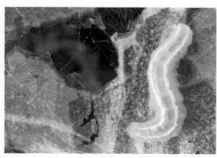
图3-75　瓜绢螟高龄幼虫

3-76　瓜绢螟成虫

下垂，转移它处为害。老熟幼虫在卷叶内或表土中作茧化蛹。为害高峰期在8—10月。

②防控措施：秋冬季清洁瓜园，消灭枯叶中的越冬虫蛹。在低龄幼虫盛发期，可选用24%甲氧虫酰肼悬浮剂1 500倍液，或5%氯虫苯甲酰胺悬浮剂800倍液，或45%甲维·虱螨水分散粒剂3 000倍液等喷雾防治，每隔7~10天1次，防治1~2次，注意交替使用。

（15）蜗牛（图3-77）。潮湿地区发生较多，主要为害甘蓝、花椰菜、白菜、萝卜等十字花科蔬菜，以及豆科和茄科蔬菜，此外还为害粮、棉、麻、薯类、桑、果树和多种杂草。

①为害情况：成贝、幼贝均可取食为害，刮食叶片、茎、果实，移栽期或出苗期受害严重时造成缺苗断垄。蜗牛喜温暖、阴湿环境，一般在4—5月和9—10月多雨年份为害严重。幼贝历期6~7个月，成贝历期5~10个月，完成一个世代1.5年。具夜出性，白天常潜伏在落叶、花盆、土块、砖头下或土缝中，但雨天昼夜都可活动取食。

②防控措施：清洁田园，铲除杂草，及时中耕深翻，排干积水，破坏蜗牛栖息和产卵场所。而且可利用其雨后出来的活动习性，最好抓紧雨后锄草松土，以及在产卵高峰期中耕翻土，使卵暴

图3-77　蜗牛

露土表而爆裂。也可根据蜗牛的取食习性，在田间堆集菜叶和喜食的诱饵，于清晨人工捕杀蜗牛。在沟渠边、苗床周围和垄间撒石灰封锁带，每亩用生石灰 5~7.5 千克，保苗效果良好。可亩用 6% 四聚乙醛（颗粒剂 300~500 克，或 2% 灭旱螺毒饵 400~500 克等，条施或点施于根际土表。

七、生理障碍防控

设施蔬菜棚内温度高，空气湿度大，气体流动性差，光照较弱，而作物种植茬次多，生长期长，故施肥量大，根系残留量也较多，因而使其土壤环境与露地土壤很不相同，影响设施蔬菜的生长发育。

（一）主要生理障碍

1. 土壤盐渍化

土壤盐渍化是指土壤中由于盐类的聚集而引起土壤溶液浓度的提高，这些盐类随土壤蒸发而上升到土壤表面，从而在土壤表面聚集的现象。土壤盐渍化是设施栽培中的一种十分普遍现象，其危害极大，不仅会直接影响作物根系的生长，而且通过影响水分、矿质元素的吸收、干扰植物体内正常生理代谢而间接地影响作物生长发育。土壤盐渍化现象发生主要有两个原因。

（1）长期高温。设施内温度较高，土壤蒸发量大，盐分随水分的蒸发而上升到土壤表面；同时，由于设施长期覆盖薄膜，灌水量又少，加上土壤没有受到雨水的直接冲淋，于是这些上升到土壤表面（或耕作层内）的盐分也就难以流失。

（2）过量施肥。设施蔬菜的生长发育速度较快，为了满足蔬菜生长发育对营养的要求，需要大量施肥，但由于土壤类型、土壤质地、土壤肥力以及作物生长发育对营养元素吸收的多样性、复杂性，很难掌握其适宜的肥料种类和数量，所以，常常出现过量施肥的情况，没有被吸收利用的肥料残留在土壤中，时间一长就大量累积。

土壤盐渍化随着设施利用时间的延长而提高。肥料的成分对土壤中盐分的浓度影响较大。氯化钾、硝酸钾、硫酸铵等肥料易溶解于水，且不易被土壤吸附，从而使土壤溶液的浓度提高；过磷酸钙等不溶于水，但容易被土壤吸附，故对土壤溶液浓度影响不大。

2. 土壤酸化

由于任何一种作物，其生长发育对土壤 pH 值都有一定的要求，土壤 pH 值的降低势必影响作物的生长；同时，土壤酸度的提高，还能制约根系对某些矿质元素（如磷、钙、镁等）的吸收，有利于某些病害（如青枯病）的发生，从而对作物造成间接危害。

由于化学肥料的大量施用，特别是氮肥的大量施用，使得土壤酸度增加。因为，氮肥在土壤中分解后产生硝酸留在土壤中，在缺乏淋洗条件的情况下，这些硝酸积累导致土壤酸化，降低土壤的 pH 值。

3. 连作障碍

设施中连作障碍是一个普遍存在的问题。连作障碍主要表现在以下几点。

（1）病虫害严重。设施蔬菜连作后，由于其土壤理化性质的变化以及设施温湿度的特点，一些有益微生物（如铵化菌、硝化菌等）的生长受到抑制，而一些有害微生物则迅速得到繁殖，土壤微生物的自然平衡遭到破坏，这样不仅导致肥料分解过程的障碍，而且加剧病害。同时，设施成了害虫越冬和活动场所，一些害虫基本无越冬现象，周年为害作物。

（2）有毒物质积累增加。根系生长过程中分泌的有毒物质得到积累，并进而影响作物的正常生长。

（3）土壤养分失衡。由于作物对土壤养分吸收的选择性，土壤中矿质元素的平衡状态遭到破坏，容易出现缺素症状，影响产量和品质。

（二）防控措施

1. 科学施肥

科学施肥是解决设施土壤盐渍化等问题的有效措施之一。科学施肥主要包括：增施有机肥，提高土壤有机质的含量和保水保肥性能；有机肥和化肥混合施用，氮、磷、钾合理配合；选用尿素、硝酸铵、磷铵、高效复合肥和颗粒状肥料，避免施用含硫、含氯的肥料；基肥和追肥相结合；适当补充微量元素。

2. 适度休闲养地

对于土壤盐渍化严重的设施，应当安排适当时间进行休耕，以改善土壤的理化性质。在冬闲时节深翻土壤，使其风化；夏闲时节深翻晒垡。

3. 灌水洗盐

一年中选择适宜的时间（最好是多雨季节），解除大棚顶膜，使土壤接受雨水的淋洗，将土壤表面或表土层内的盐分冲洗掉。必要时，可在设施内灌水洗盐。

4. 加客土

对于土壤盐渍化严重，或土壤传染病害严重的情况下，可采用客土的方法。当然，这种方法需要花费大量劳力，一般是在不得已的情况下使用，但在土壤盐渍化、土壤酸化、连作障碍比较严重的地区也是有效的办法。

5. 合理轮作

轮作能够合理地利用土壤肥力，防治病、虫、杂草为害，改善土壤理化性质，使蔬菜生长在良好的土壤环境中。可以将有同种严重病虫害的作物进行轮作，如马铃薯、黄瓜、生姜等需间隔2~3年，茄果类3~4年，西瓜、甜瓜5~6年；还可将深根性与浅根性及对养分要求差别较大的作物实行轮作，如消耗氮肥较多的叶菜类可与消耗磷钾肥较多的根、茎菜类轮作，根菜类、茄果类、豆类、瓜类（除黄瓜）等深根性蔬菜与叶菜类、葱蒜类等浅根性蔬菜轮作。

6. 土壤消毒

（1）药剂消毒。

①甲醛：40%甲醛也称福尔马林，广泛用于温室和苗床土壤及基质的消毒，使用的浓度为50~100倍。使用时先将温室或苗床内土壤翻松，然后用喷雾器均匀喷洒在地面上再稍翻一下，使耕作层土壤都能沾着药液，并用塑料薄膜覆盖地面保持2天，使甲醛充分发挥杀菌作用以后揭膜，打开门窗，使甲醛散发出去，两周后才能使用。

②氰氨化钙：用于温室及床土消毒，可消灭土壤中各类病原菌、虫卵、杂草种子等。50%氰氨化钙（石灰氮）颗粒剂50千克处理土壤，保持土壤湿度60%以上，覆膜熏蒸20~30天后，揭膜透气7~10

天。土壤偏酸的田块，适当增施生石灰，每亩50~100千克，调至微碱性。

③硫黄粉：用于温室及床土消毒，消灭白粉病菌、红蜘蛛等，一般在播种前或定植前2~3天进行熏蒸，熏蒸时要关闭门窗，熏蒸一昼夜即可。

（2）蒸汽消毒。蒸汽消毒是土壤热处理消毒中最有效的方法，大多数土壤病原菌用60℃蒸汽消毒30分钟即可杀死，但对TMV（烟草花叶病毒）等病毒，需要90℃蒸汽消毒10分钟。多数杂草的种子，需要80℃左右的蒸汽消毒10分钟才能杀死。

八、贮运加工

（一）贮藏保鲜

1. 花椰菜（图3-78）

花椰菜又称菜花，是一种以花球为主要食用部位的蔬菜。

花椰菜球肉质柔嫩，含水较多，无保护组织，喜凉爽湿润。收获过早花球小而松散，产量低且收获后气温较高，不利于贮藏；收获过晚，花枝伸长，花球衰老松散，品质差，也不耐贮藏。一般在花球充分膨大而紧实，色泽洁白，表面平整时采收有利于贮藏。另外，收获时应保留短根和内层大叶，以利于养分转移和保护叶球，并尽可能减少摩擦挤压等机械损伤。贮藏期间控制好贮温，当贮温高于8℃时，花球易变黄、变暗，出现褐斑，甚至腐烂；低于0℃易

图3-78 花椰菜

发生冻害，表现为花球呈暗青色或出现水浸斑，品质下降甚至失去食用价值。控制好湿度，湿度过低或通风过快会造成花球失水萎蔫，从而影响贮藏性；湿度过大，有利于微生物生长，容易发生腐烂。另外，花椰菜品种、产地和收获时期对其贮藏性有一定影响。

花椰菜适宜的贮藏温度为 0~1℃。花椰菜贮藏适宜的相对湿度为 90％~95％。其贮藏要点如下。

（1）适时采收。用于长贮长运的菜体要在 8~9 成熟时采收，采收时要留有 3~4 片叶子，花椰菜收获后，应进行严格挑选，剔除老化松散、色泽转暗变黄、病虫为害、机械损伤等不宜贮藏的花球。

（2）预贮。采收后，在通风阴凉处预贮 1~2 小时，严防风吹日晒和雨淋，待叶片失水变干时，将叶片拢至花球，草绳或塑料条稍加捆扎即可。适期收获的菜花用 BA 细胞分裂素结合处理，对花球保鲜和防止外叶黄化脱落有一定效果。

（3）预冷入贮。选择优质花椰菜，装入经过消毒处理的筐或箱中，经充分预冷后入贮。冷藏库温度控制在 0~1℃，时间 20~24 小时，相对湿度控制在 90％~95％。花椰菜在冷库中要合理堆放，防止压伤和污染。冷藏的整个过程中要注意库内温、湿度控制，避免波动范围太大。同时，要及时剔除烂菜。

2. 青椒（图 3-79）

青椒属于茄科植物，果实内含有丰富的维生素 C，是人民喜爱的蔬菜。

青椒主要有甜椒和辣椒两种。青椒含水量高，贮藏环境中湿度过低，水分将大量蒸发，果实萎蔫，贮藏期易发生失水、腐烂和后熟变红。长期保鲜的青椒，应选择肉质肥厚、色泽深绿的果实，要选择青皮光亮的晚熟品种。青椒采摘、运输过程中防止机械损失，否则会产生伤呼吸和细菌感染，而引起腐烂变质。

图3-79 青椒

青椒适宜的贮藏温度为 7~11℃；相对湿度控制在 90％~95％。其贮藏要点如下。

（1）采收及采后处理。采收前 5~7 小时禁止灌水，一般在晴朗的早晨或傍晚气温较低时，遇雨或露水未干时不宜采收。采后在田间的遮阳棚中，挑选果实充分肥大，皮色浓绿，果皮坚实而有光泽，无病、虫害，无损伤腐烂者（即做适当的分级处理），同时，进行防腐处理和使用保鲜剂。

（2）包装。包装的形式可用木质的筐（或塑料周转箱）或箱底可以垫纸，也可以用湿蒲包衬垫。最好把蒲包洗净，用0.5%的漂白粉浸泡消毒，沥水后使用。筐顶可用纸或湿蒲包覆盖。为了增加保湿性，可内衬保鲜袋。装箱时要轻拿轻放，不要硬塞或装箱，以免运输时震动、摩擦。

（3）预冷处理。包装后应迅速进行预冷处理至10℃。

（4）入库贮藏。按要求进行库房处理、垛码、入贮。在贮藏期间依品种不同，控制贮藏温度在9～11℃，相对湿度控制在90%～95%。贮藏期间要做到经常检查，发现问题及时处理。

3. 芦笋（图3-80）

芦笋嫩茎采收后，极易失水、变质，特别是嫩茎采收后第一天的品质下降很快，若加工保鲜不及时，嫩茎很易腐败变质。需冷藏的芦笋，应进行预冷，快速降低芦笋的体温，控制芦笋采后生理变化。其贮藏要点如下。

（1）低温保鲜。由于芦笋嫩茎冰点只有0.6℃，不耐低温，所以冷藏库的温度不能低于0℃，一

图3-80　芦笋

般以0～2℃为宜。从冷害的角度分析，短期贮藏可采用0℃，若超过2周，贮藏温度则提高到2℃为宜。为防止嫩茎失水，冷库内应保持90%～95%的相对湿度。

（2）气调贮藏。包括CA贮藏（人工调节贮藏环境中）和二氧化碳的浓度，延缓衰老，提高贮藏效果的方法）和MA贮藏（采用密封包装，抑制呼吸作用，改变袋内的气体成分，以达到气调贮藏的效果）。

（3）包装贮藏。用0.08毫米厚聚氯乙烯包装较为理想，贮藏25天，芦笋表面无变化，说明在相应的温度条件下，选用适宜的薄膜包

装是一种可行的延长贮藏期，提高贮藏品质的好办法。

（4）运输销售。保鲜芦笋短距离运输 2~3 小时的，可用货车；长距离运输，特别是高温季节，应采用冷藏车，运输时间为 1~2 天的，温度控制在 0~5℃，运输时间 2~3 天以上的，温度控制在 0~2℃，以保证芦笋的鲜嫩度，不致降低品质。市场上的芦笋要及时销售，以免腐烂变质。

4. 番茄（图 3-81）

番茄又称西红柿，味道鲜美，营养丰富，是人们喜爱的果菜兼用品种。

番茄性喜温暖，不耐 0℃ 以下的低温，但不同成熟度的果实对温度的要求也不一样。番茄果实的成熟度有明显的阶段性，各阶段表现出不同的生理特性的和对外界环境条件的不同要求，因而在贮藏上有明显反应。根据果实及种子生长发育的程度，将番茄果实的生长成熟过程分为 7 个时期。

一是未熟期。果实及种子尚未充分生长发育定形，果皮绿色、无光泽、催熟困难，不宜采摘贮藏。

二是绿熟期。果实定形，果面有光泽，由绿色变为白绿色，种子已长大，周围呈胶状，此时可人工催熟、采摘贮藏。

三是变色期。由绿熟到红熟的过渡期，果脐周围开始出现黄色或淡红晕斑，果实着红面不到 1/10。

四是红熟前期。一至三成红熟，果实着红面达 1/10~3/10。

五是红熟中期。四至六成红熟，果实着红面达 4/10~6/10。

图3-81　番茄

六是红熟后期。七至十成红熟，果实着红面达 7/10~10/10。

七是过熟期。果实成熟过度，果肉组织开始软化。

红熟番茄虽可贮在低温条件下，但这种果实是开始进入呼吸高峰或已经处在跃变后期的生理衰老阶段，即使采用0℃低温，也难以长期贮存。

一般认为，绿熟番茄在10~13℃，相对湿度85%~90%，氧气和二氧化碳均为2%~5%，可贮藏100天以上。低于8℃即遭受冷害，果实不能正常成熟。红熟果适宜的贮藏条件为0~2℃，相对湿度为85%~90%，氧气和二氧化碳浓度均为2.0%~5.0%。其贮藏要点如下。

（1）品种和成熟度的选择。贮藏的番茄应选择抗病性强，不易裂果，果形整齐，心室少，种腔小，果皮厚，肉质致密，干物质和含糖量高，组织保水力强的品种。

绿熟期、变色期的番茄耐贮性、抗病性较强，当其在适当条件下完成后熟过程，可以获得接近于植株上成熟的品质，长期贮藏的番茄应在这一时期采收。在贮藏中，尽可能使果实滞留在这一生理阶段，生产上称为压青。

（2）采收和质量要求选择。无严重病害的菜田，在晴天露水干后、凉爽干燥的条件下选择健壮植株上的番茄采收。采摘时要避免雨淋、暴晒。果实饱满、色泽正常、整洁、无病害、无损伤，剔除畸形果、裂果、日伤果、过熟果及极小果。

（3）包装。盛装番茄的容器应清洁、干燥、牢固、透气、美观、无异味，内部无尖凸物，外部无钉或尖刺，无虫蛀、腐朽霉变现象。纸箱无受潮、离层现象。包装容器内番茄的高度不要超过25厘米，单位包装重量以15~20千克为宜。

（4）贮藏方法。

①适温快速降氧贮藏：将贮藏温度控制在10~13℃，相对湿度85%~90%，氧气2%~4%，二氧化碳5%以下，此条件下番茄可贮藏45天，好果率可达85%，基本达到自然成熟番茄的质量。

②常温快速降氧法：只控制气体成分，而不调节库温，要求氧气含量降到2%~4%和二氧化碳含量为5%以下，一般可贮藏25~30天。

③自然降氧法：番茄进帐密封后，待帐内的氧气由果实自行降低到3%~6%或2%~4%时，再采用人工调节控制，稳定在这一范围，用这种方法贮藏番茄时，在地下室或秋季气温较低的条件下，效果较好。

④半自然降氧法：帐内充入氮气，使氧气含量降到10%，然后用自然降氧法将帐内的氧气含量再降低到2%~4%，用常规气调法进

行操作管理。

⑤硅窗气调法：国内多使用0.08毫米厚甲基乙烯橡胶薄膜。帐内氧气含量维持在6%左右，二氧化碳在4%以下。

⑥自发气调贮藏法：果实采收并用药剂处理后，便可以装入25厘米宽，35厘米长的保鲜袋，容量1.5千克，用塑料绳扎紧口，平摆在架子上低温下贮藏。

5. 胡萝卜（图3-82）

胡萝卜无生理休眠期，在贮藏期间遇到适宜的条件便萌发抽薹并引起糠心。在贮藏中空气干燥、水分蒸发旺盛是造成薄壁组织脱水糠心的主要原因之一。防止萌发和糠心是贮藏胡萝卜的关键问题。其贮藏要点如下。

（1）品种与采收。胡萝卜以皮色鲜艳、根细长、根茎小、心柱细的品种较耐贮。适时收获对胡萝卜的贮藏很重要，收获过早，肉质根未充分膨大，干物质积累不够，味淡，不耐贮藏；收获过迟，则心柱变粗，易裂或抽薹，质地变劣，易

图3-82　胡萝卜

糠心。收获适期可视品种特性不同而异，在一般情况下，成熟的胡萝卜其心叶呈绿色，外叶稍稍呈枯黄状，味甜且质地柔软。收获时除去缨叶，并注意保持肉质根的完整，尽量减少表皮的机械伤。

（2）采后处理。胡萝卜采后要选出病、伤、虫蚀的直根，并对产品进行分级，以提高其耐贮性。在贮藏中易受病菌侵染，所出现的病害如白霉、灰霉和黑霉都是在田间侵染、贮藏期发病，可使胡萝卜脱色、组织变软而致腐烂。入贮前使用0.05%的扑海因或苯菌灵溶液浸蘸处理胡萝卜，能明显减轻腐烂症状。长期贮藏用的胡萝卜采后宜直接用清水洗涤，因引起胡萝卜细菌性软腐病的欧氏杆菌易在水中接种于损伤处，可用含活性氯为25微升／升的氯水清洗，以防止细菌入侵。

（3）包装与贮藏运输。胡萝卜的肉质根长期生长在土壤中，形成较完善的通气组织，同时因胡萝卜表皮层缺乏蜡质、角质等保护层，保水力差，易蒸发失水，贮藏时必须保持高湿环境，以防失水。因此，胡萝卜适于一定程度的密封贮藏，可采用聚乙烯薄膜袋包装或装筐堆码后用塑料大帐覆盖封闭贮藏。胡萝卜长期贮藏要求低温高湿，适宜的贮温为 0~2℃，相对湿度为 92%~97%。当贮温低于 -1℃时便会受冻害，如长期高于3℃则易萌芽，故最好将贮温保持在1℃左右。贮藏期间要定期检查，挑除变坏的个体。一般在此条件下胡萝卜可贮藏6~7个月，管理好的可贮藏1年。常温下胡萝卜只可贮藏2~4周。

6. 黄瓜（图 3-83）

黄瓜在许多地区均有温室或塑料大棚栽培，是各地夏季主要菜蔬之一。其贮藏要点如下。

（1）品种与采收。瓜皮较厚，深绿色，果肉厚，表皮刺少的黄瓜较耐贮藏。表皮上有许多刺的黄瓜容易碰伤，瓜刺容易碰掉，机械伤口造成微生物感染，导致腐烂，不耐贮藏。除了考虑耐贮性外，还必须考虑风味品质和营养。贮藏的黄瓜应选择成熟度适中、丰满健康的绿色瓜条。采摘时，要求瓜条碧绿，顶花带刺，生长在植株中部的"腰瓜"。采摘应在清晨进行，最好用剪刀带柄剪下。

图3-83　黄瓜

（2）贮藏条件。黄瓜是一种冷敏性较强的果实，低于10℃出现冷害；冷害初期，瓜面上出现凹陷斑和水浸斑。黄瓜的头部尖端是最敏感的，随后整个瓜条上凹陷斑变大，瓜条失水并萎缩，变软，易受微生物浸染而腐烂。黄瓜的贮藏适温为12~13℃，同时需要95%或更高的相对湿度。

（3）贮藏方法。

①通风库贮藏：在秋冬季节，可以使用通风库存储黄瓜。贮藏前，用硫黄和克霉灵等对仓库进行消毒，然后用塑料薄膜包装黄瓜，

起保温和气调作用。用0.03毫米厚的乙烯袋装1~2千克黄瓜，折口并放在架子上。也可将黄瓜码在架上，上、下分别铺盖一层塑料膜保湿。还可装箱码垛后，用0.06~0.08毫米厚的塑料做成帐子，套在垛上，将四周封严。当二氧化碳高于5%且氧低于5%时，开帐通风换气。入贮时需要对黄瓜严格挑选，贮藏中，以保持所需的温度和相对湿度。此外，应进行定期抽样检查以避免腐烂。塑料袋或帐内应加入乙烯吸收剂。

②冷库冷藏：黄瓜应在采后尽快置于12~13℃的冷藏库中，其贮藏方法与通风库相同。

③气调贮藏：在冷库和通风库内都可以进行气调贮藏，温度略高于13℃，气体成分和操作方法如前所述。

（二）包装运输

1. 蔬菜清理

产品采收以后，许多蔬菜在分级包装之前都需要整理或清洗。清洗主要是为了洗掉蔬菜表面的混土、杂物、农药、化肥等活物，使蔬菜更加美观、干净，便于分级和包装。注意马铃薯不能水洗。另外，洗菜水中需要加一些消毒剂，以防止病菌的传播，通常所使用的消毒剂是漂白粉，一般番茄可用2%的漂白粉水溶液洗果。蔬菜经过清洗后一定要晾一下，使蔬菜表面的水去掉以后，然后便进入分级批选。

2. 蔬菜分级（图3-84）

现在推行的蔬菜商品标准多是按照规格和质量两方面的要求将商品分为三个等级。主要依据新鲜蔬菜的坚实度、清洁度、鲜嫩度、整齐度、质量、颜色、形状以及有无病虫害感染或机械伤等分级。

图3-84　蔬菜分级

以分级后的蔬菜商品，大小一致，规格统一，优劣分开，从而提高了商品价值，减少了贮藏与运输过程中的损耗。

（1）茄果类蔬菜产品分类质量规格。茄果类蔬菜产品的商品性状要求具备品种基本特征，无畸形，无机械伤，无腐烂，无虫眼，具有商品价值。按茄果类蔬菜产品的分类质量规格（表3-5）分级，分成一等、二等、三等。

表3-5　茄果类蔬菜产品的分类质量规格

蔬菜种类	质量规格		
	一等	二等	三等
茄子	鲜嫩，油色发亮，无热斑，无虫洞，无花斑，不皱皮，不开裂，不断头，不烂	鲜嫩，无热斑，无虫洞，略有花斑，不皱皮，不开裂，不烂	新鲜，无红籽，无严重热斑，不烂
辣椒	新鲜，光亮，无热斑，无虫蛀，个头均匀，不烂	新鲜，有光，无热斑略有虫蛀，个头均匀，不烂	新鲜，无严重热斑，无严重虫蛀，不烂
番茄	新鲜，色红，无老虎脚爪，无硬斑，个头均匀	新鲜，色红，无老虎脚爪，无硬斑，无热斑，开裂不出水	新鲜，色红，无严重老虎脚爪，无严重烂斑，不出水

（2）瓜类蔬菜产品的分类质量规格。分级场所，除冬季可在仓内分级外，其他季节必须及时送往冷库过道进行分级，分级标准根据出口日本黄瓜标准，使用不锈钢刀片将瓜柄基部留0.5厘米左右处削齐。同时，去除顶花，按商品性状要求具本品种基本特征，无畸形，无机械伤，无腐烂，无虫眼，具有商品价值。按瓜类作物产品的分类质量规格（表3-6）分级，分成一等、二等、三等，然后及时入库。

表3-6　瓜类蔬菜产品的分类质量规格

蔬菜种类	质量规格		
	一等	二等	三等
黄瓜	果形端正，果直，粗细均匀，果刺瘤完整、幼嫩、色泽鲜嫩。带花。果柄长4~5厘米	果形较端正，弯曲度0.5~1厘米，粗细均匀。带刺，果刺幼嫩。果刺允许有少量不完整，色泽鲜嫩。可有1~2处微小疵点。带花。果柄长5厘米	果形一般。刺瘤允许不完整。色泽一般，可有干疤或少量虫眼，允许弯曲，粗细不太均匀，允许不带花。大部分带果柄
西葫芦	果形直，端正，粗细均匀，具绑毛。无疤点。质嫩，果皮光亮。果柄长1~2厘米	果形端正或较端正。弯曲度0.5~1厘米，粗细较均匀。果上可有1~2处微疤点，质嫩。果柄长1~2厘米	允许果形不够端正。果上可有少量干疤点。允许弯曲。果尚嫩

（3）根菜类蔬菜产品分类质量规格（表3-7）。

表3-7 根菜类蔬菜产品的分类质量规格

蔬菜种类	质量规格		
	一等	二等	三等
萝卜	表皮光滑，无泥，无刀伤，无八脚，无灰心，无须，个头均匀，单个重700克以上	皮略粉刺，无泥，无须，无灰心，不空心，略有八脚，略有刀伤，略有断头	无泥，无灰心，不空心，不烂
胡萝卜	粗壮，光滑，无泥，无刀伤，无八脚，无虫蛀，无开裂，不断，个头均匀，单个重50克以上	光滑，无泥，略有八脚，略有开裂，个头均匀	无泥，无坏心，不烂

3. 蔬菜包装

蔬菜的包装是为了提高其商品价值，便于销售，有利贮运。不同种类的蔬菜适用不同包装容器。

（1）竹筐。竹筐适合叶菜、甜椒、菜豆、花椰菜、蒜薹等的运输包装。使用竹筐作为运输包装装运蔬菜时，筐内应衬一至两层报纸或牛皮纸，避免蔬菜与筐的内壁直接接触，可减轻蔬菜在搬运过程中的机械损伤。

（2）纸箱。纸箱尤其是具有防潮性能的瓦楞纸箱是大多数茄果类、瓜类的最好包装。

（3）尼龙网袋。尼龙网袋适于不怕挤压的马铃薯、洋葱和萝卜等根茎类蔬菜和体积大、质量轻的蔬菜（大蒜头、甜椒等），短距离运输大白菜、蒜薹、芹菜、结球甘蓝和莴笋等蔬菜，可使用尼龙网袋作为运输包装。

（4）塑料筐（图3-85）。塑料筐是短途汽车运输蔬菜比较理想的包装，适于叶菜类、茄果类等多种蔬菜的运输，它的强度高，

图3-85 塑料框装箱

耐挤压，可很好地保护蔬菜。筐间空隙大，空气流通好，腐烂损耗也很低。

（5）蔬菜的商品包装材料。一般蔬菜商品包装应遵循以下几点：蔬菜的品质好；质量准确；尽可能使顾客看清内部蔬菜的情况；避免使用有色的包装来混淆蔬菜本身的颜色，例如，不能使用橘黄色的薄膜包装胡萝卜；对一些稀有蔬菜，应在包装上简要介绍一些烹饪方法。

4. 蔬菜运输

运输是蔬菜产销过程中的重要环节。在发达国家，蔬菜的流通早已实现了"冷链"流通系统，新鲜蔬菜一直保持在低温状态下运输。

公路运输应注意以下几点：一是用于长距离运输蔬菜的车辆应以大型车为主，车况良好。车厢应为高帮，有顶篷，装车时不能用绳子勒捆、挤压，减少蔬菜在运输过程中的机械伤。二是一般来说，常温下运输蔬菜应在 1 000 千米以内，且 24 小时内能到达销售网点为好。由于各种蔬菜耐贮运的特性不同，装车运输的数量、运输距离及时间也各不相同。三是装车时要注意包装箱、筐、袋之间的空隙，一般不能散装。车前和车的两边应留有通风口，不能盖得太严。汽车运输主要应抓住一个"快"字，坚持快装快运，到达销售网点后，及时卸菜销售。

目前，我国铁路运输蔬菜限于冷藏车辆不足，多数采用"土保温"的方法，也就是使用普通高帮车加冰降温，加棉被或草帘保温的方法装运蔬菜。此外，也还有部分蔬菜是采用加冰保温车和机械保温车运输的。蔬菜运输应采用无污染的交通运输工具，不得与其他有毒、有害物品混装、混运。

（三）产品加工

1. 萝卜

（1）生晒脱水五香萝卜干（图 3-86）。工艺流程为：鲜萝卜—洗涤—切条—晾晒—拌料—发酵—成品。其操作要点如下。

①选料：鲜萝卜要求成熟适度、形状适中、品种优良，含水量低，含糖分高。挑选整理时剔除抽薹、糠心、腐败和受冻害的萝卜。

②洗涤：用人工或机械洗涤，洗至鲜萝卜无泥污，流出清水为止。

③切条：用人工或机械切条。条为正方柱形或三角柱形，长 8~10 厘米，宽 11.5~11.7 毫米，在切条前一律用人工切去叶丛、须

图3-86 萝卜干

根和尾根表皮上的斑点、刀伤等全部削除干净，争取做到条条带皮。

④晾晒（图3-87）：民间常用串晒法用麻绳通过萝卜条的一端穿成串，每串0.15~1米，挂在通风向阳处晒至每100千克鲜萝卜收得率30千克左右。工厂化多采用搭棚或搭架晾晒，架高30~40厘米，铺晒帘放上萝卜条。每天上下午各翻拌一次，要求每条每面都能晒到太阳，晚上集中堆积。注意防霜冻、雾侵、雨淋。晒3~5天，晒至手触柔软、无硬条为止。

图3-87 传统萝卜干翻晒

⑤拌料：按每百千克萝卜干坯加食盐 6~8 千克、白酒（50%酒精度）0.12 千克、五香粉 0.13 千克、苯甲酸钠（食品级）0.11 千克，翻拌均匀使所有辅料均匀分布在萝卜条上。

⑥发酵：拌料后立即装进可装 25 千克的小口陶瓷坛内，装坛时用木棒压紧捣实，条块间无任何间隙，坛口处加盐 0.12 千克，并用含食盐 8%~10% 的咸稻草塞紧坛口，再用调匀的熟石膏或水泥黄沙封口。贮存在室内阴凉干燥处，时间为 1~2 个月。

质量标准：质量标准分感官指标（表 3-8）和理化指标（表 3-9）。

表3-8　生晒脱水五香萝卜干感官指标

项目	色泽	香气	滋味	体态	质地
表现	淡黄色、有光泽	具有纯正的五香味及萝卜的自然香气	咸淡、鲜、甜适口	整齐、规格大小一致，无杂质	脆、嫩

表3-9　生晒脱水五香萝卜干理化指标

项目	总酸(以乳酸计)(%)	砷(以砷计)(毫克／千克)	铅(以铅计)(毫克／千克)	食品添加剂
指标	0.15	≤0.15	≤0.10	按 GB 2760 规定执行

（2）食香萝卜。工艺流程为：选料—切块—腌渍—晒干—拌料—浇醋—成品。其操作要点如下。

①选料：鲜萝卜要求成熟适度、形状适中，含水量低，含糖分高。

②切块：将萝卜洗净，切成 1 厘米见方的小块。

③腌渍：将萝卜块放入净盆内，按每 100 千克鲜白萝卜加入盐 10 千克拌匀。

④晒干：腌 1~2 天后，摊放在竹帘上，在阳光下晒干。

⑤拌料：按每 100 千克萝卜加生姜 2 千克，橘皮 1 千克。将生姜、橘皮切成细丝，同晒干的萝卜块及大小茴香一起放入净盆内拌匀。

⑥浇醋：每 100 千克萝卜加醋 10 千克，把醋放入锅内烧沸后，立即浇在萝卜上，拌匀后，放在阳光下再晒干。

⑦储存：可收储于小坛内，随时取食。

2. 辣椒

（1）酸辣椒的泡制。酸辣椒泡菜是我国传统发酵蔬菜食品之一，具有鲜酸可口、质地脆嫩、风味独特等特点。工艺流程为：新鲜辣椒—清洗—切分—硬化处理—厌氧发酵—配料—分装（真空包装）—成品。其操作要点如下。

①原料：以个体较大肉质厚、组织紧密的青椒为原料。原料要新鲜，宜采收当天使用，避免积压和过高堆压。

②清洗：洗净，沥干，挑选和剔除不合格品。将青椒用水冲洗并不断翻动，洗去表面可能残留的农药、化肥、泥土等杂质。

③切分：根据需要适当切分备用。

④硬化处理：将原料处理好后放入0.05%氯化钙或硫酸钾的盐水浓度为8%的盐水中浸泡，在25℃条件下泡制16天。

⑤厌氧发酵：将硬化处理好后的辣椒接种老盐水发酵，大约16天。

⑥配料：主要配料为2%的白砂糖、0.5%柠檬酸、0.01%糖精钠、0.03%苯甲酸钠和0.02%脱氢乙酸钠，用沸水溶化并经150目滤布过滤后加入辣椒中。

⑦分装：采用不透明的铝箔袋真空包装。

（2）辣椒酱罐头的加工。工艺流程为：原料—粉碎—拌料、装罐—排气、封口—灭菌、冷却—保温、检查—成品。其操作要点如下。

①原料：采用新鲜、成熟度好，无虫蛀、病斑、腐烂的鲜红辣椒，在5%的食盐水中浸泡20分钟驱虫，然后用清水洗涤3~5次，洗净泥沙杂质，剪去蒂把。

②粉碎：按每100千克鲜辣椒加入1.5千克鲜老姜，老姜洗净，搓去姜皮，切成薄片，与鲜椒一起用粉碎机粉碎拌匀。

③拌料、装罐：将粉碎好的辣椒酱加8%的食盐、0.5%的五香粉，拌匀后装瓶，称重定量。

④排气、封口：在排气箱或笼屉内加热排气，当罐头料温达到65℃时，趁热立即封口，封口宜采用抽气封口。

⑤灭菌、冷却：玻璃瓶罐头采用沸水灭菌10~18分钟，然后用水浴冷却至38℃以下。

⑥保温、检查：冷却后擦干水，送入25℃恒温箱内处理5昼夜，

检查无问题后可进行成品包装。

3. 番茄

（1）番茄酱的制作。工艺流程为：原料—洗果、挑选—破碎、去籽—预煮、打浆—配料、浓缩—加热、装罐—杀菌、冷却—成品。其操作要点如下。

①原料：按加工专用品种的要求，不得混入黄色、粉红或浅色的品种，剔除带有绿肩、污斑、裂果、损伤、脐腐和成熟度不足的果实。"乌心果"及着色不匀且果实比重较轻者，在洗果时浮选除去。

②洗果、挑选：先浸洗，再用水喷淋，务求干净。番茄果柄与萼片，呈绿色且有异味，影响色泽与风味。去蒂时将绿肩和斑疤修去，拣去不适合加工的番茄。

③破碎、去籽：破碎为预煮时受热快而均匀，去籽为防止打浆时打碎种子，若混入浆中影响产品的风味、质地和口感。破碎去籽用双叶式轧碎机，然后经回转式分离器（孔径10毫米）和脱籽器（孔径1毫米）进行去籽。

④预煮、打浆：预煮使破碎去籽后的番茄原浆迅速加热到85~90℃，以抑制果胶酯酶和乳糖酸酶的活性，免使果胶物质降价变性，而降低酱体的黏稠度和涂布性。原浆经预煮后进入3道打浆机，物料在打浆机中受高速回转刮板的击打而成浆状，浆汁受离心作用穿过圆筛孔，进入收集器至下一道打浆器；皮渣、种子等则由出渣斗排出，从而达到浆汁与渣渣、种子相分离。番茄制酱须经2~3道打浆器，才能使制成的酱体细腻。三道圆筒筛孔和刮板转速分别为1.0毫米（820转/分钟）、0.8毫米（1000转/分钟）、0.4毫米（1000转/分钟）。

⑤配料、浓缩：按番茄酱的种类和名称要求酱体不同的浓度和配料。番茄酱是直接由打浆后的原浆浓缩而成的产品，为增进产品的风味，通常按成品计，配入食盐0.5%和白砂糖1%~1.5%。番茄沙司和智利沙司的配料有白砂糖、食盐、食用醋酸、洋葱、大蒜、红辣椒、姜粉、丁香、肉桂和豆蔻等调味品和香辛料。各生产企业按市场需求，配方变化较多。但产品食盐的含量标准为2.5%~3%，酸度0.5%~1.2%（以醋酸计）。洋葱、大蒜等磨成浆汁加入；丁香等香料装入布袋中先熬成汁或直接将布袋投入，待番茄酱浓缩后取出布袋。

番茄酱的浓缩分常压浓缩和减压浓缩。常压浓缩即物料在开口的夹层锅中，用6千克/平方厘米高压热蒸汽，使其在20~40分钟内完成浓缩操作。减压浓缩是在双效真空浓缩锅中，1.5~2.0千克/平方厘米的热蒸汽加热下，物料处在600~700毫米汞柱真空状态下浓缩，物料所受的温度为50~60℃，产品的色泽和风味均好，但设备投资昂贵。番茄酱的浓缩终点，用折光仪来确定，当测得产品浓度较规定标准高出0.5%~1.0%时才可终止浓缩。

⑥加热、装罐：经浓缩的酱体须加热至90~95℃随即装罐，容器有马口铁罐和牙膏形塑料袋、玻璃瓶，现有用塑料杯或牙膏形塑料管，将番茄沙司作为调料来包装的。装罐后随即排气密封。

⑦杀菌、冷却：杀菌温度和时间按包装容器的传热性、装量和酱体的浓度流变性而定。杀菌后马口铁罐和塑料袋直接用水冷却，而玻璃瓶（罐）应逐渐降温分段冷却，以防容器破裂。

质量标准：番茄酱浓度为28%，番茄红素含量不能低于35毫克/100克。

（2）酸番茄的制作。工艺流程为：选料、清洗—打眼—配香料、盐水—装坛—封坛口—精制、装瓶—包装。其操作要点如下。

①选料、清洗：选取未成熟的青番茄，用清水洗干净，沥去水。

②打眼：将番茄平摆木板上，手持打眼器向下拍打，每个番茄打眼若干个，要求每个眼要穿透。打眼的目的是使汤汁进入番茄内，易于下沉。

③配香料、盐水：粗制酸番茄的香料配方为：每50千克番茄用红辣椒粉、辣根、芹菜各375克，蒜头812克，丁香粉31克，苏联香草310克，于容器内混合均匀，配成香料待用。每50千克青番茄用水15千克、食盐1.5千克、苯甲酸钠125克，配好后入锅中搅匀煮沸，即为盐水。

④装坛：将青番茄放入坛中，每装一层番茄匀撒一层香辛料，至装满坛为止，然后将混合盐水灌满坛中。

⑤封坛口：在坛口盖2层油纸，用绳子捆牢，纸上再糊上水泥调黄沙，然后密封。封坛口最好在加汁后2小时内完成，不然坛内的番茄开始发酵，酸气外溢而散失。坛口必须封严，不能透气，封后不到

发酵期满，切勿开坛。为了防止发酵过度，在发酵期后经一定时间必须更换汤汁。

⑥精制、装瓶：精制酸番茄所用的香料及盐水配方，除不用蒜头，加果醋和水各1.5千克外，其余同粗制酸番茄相同。首先将水、食盐、苯甲酸钠放入锅内，再将香料装入布袋，煮沸半小时左右，然后过滤，再掺进果醋，即可泡制。制作过程是：打开粗制酸番茄坛口，使番茄在原汤中洗去附着的香辛料；然后将番茄切成1.5厘米的圆片，装瓶称重后灌满汤汁，将瓶盖拧紧。

⑦包装：为便于运输，经检验合格后用木箱或纸箱包装。

质量标准：成品酸番茄色彩光亮，口味清脆，酸辣有香味，果味浓郁，汤汁清澈透明。

4. 南瓜、冬瓜

（1）南瓜粉制作。工艺流程为：原料处理—切丝晾晒—冲洗烘干—粉碎过筛—消毒包装。其操作要点如下。

①原料处理：选择风味好、表皮平滑、瓜皮较硬、无病斑、肉质金黄的优质南瓜做原料，清洗干净后，去皮、蒂、籽，备用。

②切丝晾晒：将处理好的南瓜用切丝机切成丝，放入清水中浸泡1小时，沥水后取出摊放于洁净场地上，自然风干或晒干。

③冲洗烘干：先用清水冲洗掉瓜丝上的灰尘，后将瓜丝放入烘箱中，调节温度至70~80℃，烘8小时左右，含水量在6%以下即可。

④粉碎过筛：粉碎机先消毒、晾干，然后将烘干的南瓜粉碎，经60~80目过筛成细粉状。

⑤消毒包装：将粉碎过筛的粉末放入烘箱，80℃烘烤2小时消毒杀菌后，用真空包装机进行无菌包装即可入库。

（2）冬瓜条加工。工艺流程为：选料、刨皮—浸灰—预煮—糖渍—糖煮—成品。其操作要点如下。

①选料、刨皮：选择形态端正、充分成熟的冬瓜，刨去绿色皮层，先横切成5厘米的圈状，除去瓜瓤，再纵切成条状。

②浸灰：将切好的瓜条浸入含0.6%的蚬灰（或熟石灰）液池中8~9小时。利用钙质增强瓜条的坚实性和脆感。

③预煮：将浸灰后的瓜条捞起，用清水漂洗清除灰分，再放入沸

水中预煮，至瓜条呈透明状时捞起，即放入流动的冷水中冷却、漂洗，至完全无灰味为止。

④糖渍：捞起漂洗干净的瓜条，沥干水后放入装载容器中，并加入瓜质量20%～25%的白糖，一层瓜一层糖进行糖渍，待糖粒完全溶化（8～10小时），倒出其中的糖液再加入白糖，煮沸并浓缩至40%～50%糖度，再倒入瓜条中腌渍8～10小时。

⑤糖煮：最后将瓜条和糖液一并倒入锅中煮沸，并加糖至浓度达75%，趁热捞起瓜条，沥去糖液，倒入抖动的筛中，边筛边搅拌，使瓜条在搅拌中冷却、结析出粉状糖衣。

⑥成品：待完全冷却后，用防潮纸或塑料袋包装即为成品。

质量标准：乳白色或乳黄色，色泽基本一致；条形均匀，条长基本一致，条身干爽，表面有糖粉，无杂质；质地滋润，味清甜，有冬瓜味，无异味。含糖量＞70%；含水量＜20%。

5. 榨菜

榨菜脱水腌制的工艺流程为：原料修整—脱水—第一次腌制—第二次腌制—修整淘洗—拌料装坛—贮存后熟。其操作要点如下。

（1）原料修整（图3-88）。当春季地上茎已充分发育膨大，刚出现抽薹时采收，除去根和叶片，剥除基部老皮，撕去硬筋，但不可损伤突起瘤及菜耳朵。

（2）脱水。菜头（瘤状茎）重500克以上者切分为三块，稍小的可切分为二，使菜块的大小基本

图3-88　原料修整

均匀。然后穿成串上架晾晒，称"风脱水"，也可采用人工方法脱水，至菜块萎蔫柔软，表面出现皱纹，可溶性固形物含量达8%～10%为宜。晾晒完下架时一般为鲜菜重的36%～40%。

（3）第一次腌制（图3-89）。按每100千克剥好的菜头用食盐3～3.5千克，拌匀、搓揉；撒盐时边踩压紧，每层酌留盖面盐4%，最好将所留盖面盐全部撒在表面；铺上竹隔板，加放石块；石条块须分次加入，先使较松菜块受压下陷，菜块下陷基本稳定，菜块上水。第一次腌制脱水时间为36～48小时，待大量菜汁渗出时，用池中盐汁淘洗菜块、沥干。

（4）第二次腌制。将上述菜头如上置于菜池内，按经第一次腌制后的菜头每100千克加8千克食盐，均匀撒盐，压紧菜块，每层留盖面盐1%；在面上铺上一层塑料薄膜盖严盖实菜块，塑料薄膜上加沙15厘米左右厚，经常检查，使盐汁完全淹没菜头；腌制20天左右后，即可起池。

（5）修整淘洗。将菜块在已澄清过滤的咸卤水淘洗干净，用剪刀剪去粗老部分和黑斑，修整成圆球形或卵圆形，然后上榨以榨干

图3-89　腌制

菜块上的明水及菜块内部可能被压出的水分；上榨时，榨盖一定要缓慢下压，不使菜块变形或破裂；上榨时，应准确掌握出折率，一般为62%～64%。

（6）拌料装坛。将上榨后的菜块拌和食盐、辣椒粉、混合香料、花椒及苯甲酸钠防腐剂，然后再装入坛内。拌料标准：每100千克上述上榨后的菜块加盐4.1千克，辣椒粉1.25千克，混合香料（香料由大茴香、山奈、白芷、砂仁、肉桂、甘草、姜和白胡椒等组成）0.15千克，花椒0.05千克，苯甲酸钠0.05千克，花椒不要碾细。拌匀后装入特制的榨菜坛中，层层压实，装满装紧至距坛口2厘米为止；坛口菜面撒一层食盐与辣椒粉的混合料，用聚乙烯薄膜紧封坛口。

（7）贮存后熟。装坛后15~20天多次覆口检查，将塞口菜取出；若坛面菜块下落变松，用木棒擂紧，并添加新菜块擂紧，使其装紧仍至距坛口2厘米处为止；坛口塞好后，用干净抹布揩净坛口，然后用水泥封口，水泥要封平不高于坛口，在阴凉干燥处保存，经3~4个月即为成品。

第四章 选购与食用

　　蔬菜的选购应注重多样化和应季菜的技巧，不同类型蔬菜有不同的选购方法。蔬菜的食用方法主要有熟吃和凉拌生吃两种。有的蔬菜适宜熟吃，有的蔬菜适宜生吃，还有的蔬菜焯一下吃更好。

一、选购方法

（一）选购技巧

1. 多样化

蔬菜分为叶菜类、根茎类、瓜茄类、豆类、菌藻类等。而每种蔬菜的营养价值各有不同。嫩茎、叶菜类是胡萝卜素、维生素C及矿物质的良好来源，花椰菜、结球甘蓝等十字花科蔬菜含有植物化学物质如芳香性异硫氢酸盐，有抑制癌症的功效，菌藻类含有多糖，对于保持人体正常的免疫力也有极大的功效。

不管单纯吃哪一种蔬菜都是无法保证所有营养素的摄入的。必须多样选择，换着吃，才能保证各种营养素的充足摄入。

2. 新鲜度（图4-1）

吃蔬菜当然要选择新鲜，新鲜的叶菜含有丰富的胡萝卜素、维生素B、维生素C、矿物质和膳食纤维等，鲜豆类蔬菜中含有的蛋白质高达10%左右。尤其是蔬菜中的植物化学物质等，更是对人体的心血管具有良好的保护作用。但新鲜蔬菜不是颜色越鲜艳越浓越好，太鲜艳的蔬菜有可能是催化剂催生的，例如青瓜，颜色特鲜艳、尾部还带有黄花的要慎买；番茄，颜色异常的，也要慎买。

图4-1 新鲜的番茄

蔬菜是否容易遭受虫害是由蔬菜的不同成分和气味的特异性决定的。有的蔬菜特别为害虫所青睐，出名的有青菜、大白菜、结球甘蓝、花椰菜等。不得不经常喷药防治，势必成为污染重的"多药蔬菜"。各种蔬菜施用化肥的量也不一样。氮肥的施用量过大，会造成蔬菜的硝酸盐污染比较严重。市场抽检发现，蔬菜硝酸盐含量由强到弱的排列依次是：根菜类、薯芋类、绿叶菜类、白菜类、葱蒜类、豆类、瓜类、茄果类、食用菌类。其规律是蔬菜的根、茎、叶的污染程度远远高于花、果、种子。

与新鲜蔬菜相比，冷冻蔬菜的营养价值也会逊色很多。在冷冻及解冻的过程中，蔬菜会损失37％~56％的维生素。即使不冷冻储存，常温下的绿叶蔬菜储存也会使维生素C的含量下降，存放时间越长，损失越大。而其中的亚硝酸盐含量则会逐日递增。

3.好色性

蔬菜根据颜色可以分为深色蔬菜和浅色蔬菜。深色蔬菜的营养价值要高于浅色蔬菜。深色主要是指：深绿色、橘红色、红色、紫色等。这些蔬菜中富含 β 胡萝卜素、维生素C、维生素B_2，而且含有多种植物化学物质，如叶绿素、叶黄素、番茄红素、花青素等，这些植物化学物质在人体抗氧化防衰老及保持正常的免疫力方面有重要的作用。而且他们赋予食物特殊的颜色，有促进食欲的作用。所以每天摄入的深色蔬菜应占蔬菜总量的一半以上。而浅色蔬菜含有的维生素C，胡萝卜素和矿物质的含量较低。

4.应季菜

食物的性质与气候是息息相关的，不顺应季节的食物自然也就失去应有的特性，营养素也会打折扣。随着时令的变化，人们可以品尝到不同的大自然的美味。从食物中感受到四季的变化，体会到人与自然和谐发展的美好。

从营养素的角度来讲，应季蔬菜的营养价值高于反季。拿番茄为例，夏季的番茄为自然成熟，口感偏酸，其中维生素C的含量每100克达19毫克，冬季虽然也能吃到番茄，但是口感远不及夏季。而且有实验证明，冬季番茄的维生素C含量远低于夏季。而且，可以早熟和反季的蔬菜营养素含量都普遍低于应季蔬菜。而应季蔬菜也能避免各种催熟药物的影响。"当熟吃熟"，是蔬菜消费的经验之谈。

（二）选购方法

1.根菜类蔬菜的选购

（1）萝卜。萝卜一般有长萝卜、圆萝卜、小红萝卜三种，不管哪种萝卜，以皮色正常、根形圆整、色泽光亮，手捏感觉表面硬实、表皮完整光滑且没有划痕破损的为优。一般来说，皮光的往往肉细。分量较重，掂到手里沉甸甸的。还要看一下萝卜的根须，根须较直的，大部分情况下比较新鲜；根须杂乱无章，分叉较多，有可能是空心萝卜。买萝卜不能贪大，中等偏小为宜，肉质比较紧密，烧出来成粉质，软糯，口感好。

（2）胡萝卜。挑选时要挑外表光滑，没有伤痕的。也不要挑选太过大的，中等偏小的就可以。胡萝卜的外形有的是上下一边粗的圆柱，而有的是尖头的，建议挑选一些圆柱的，感觉会比较甜。要选择颜色比较亮，颜色很自然的橘黄色。

2. 白菜类蔬菜的选购

（1）大白菜。大白菜以色白，个头大，结球紧实，根部小，掂一下感觉沉重，无虫蛀的为佳，不结球的大白菜要小一些。不要选择有黑点的，黑点是一种病变，当然最基本的就是不能有腐烂，还有内芯最好选择浅黄色的，这样的白菜营养更丰富，而且有更好的口感。

（2）结球甘蓝（图4-2）。结球甘蓝以外表光滑，无坑包，无虫洞，菜叶嫩绿，菜帮白色，掂一下有沉重感，捏一下比较紧实的为好。叶球要坚硬紧实，松散的表示包心不紧，不要买（尖顶卷心菜吃的是时鲜，松点也无妨）。结球甘蓝叶球坚实，但顶部隆起，表示球内开始抽薹，中心柱过高，食用风味变差，也不要买。

（3）花椰菜。选购花椰菜时，一是以花球周边未散开的最好；二是以花球洁白微黄、无异色、无毛花的为佳品。花椰菜烹调前不宜用刀切开，如果用刀切开花球，会使花球粉碎散落，不成形，影响美感和口感。

图4-2 结球甘蓝

3. 绿叶菜类蔬菜的选购

（1）青菜。购买青菜时要挑选新鲜、油亮、无虫、无黄叶的嫩青菜，用两指轻轻一掐即断者为嫩青菜；还要仔细观察菜叶的背面有无虫迹和药痕。同时，看叶子的长短，一般矮短的品质好，口感比较鲜软；长的品质差，纤维多，口感不好。另外，青菜还有青梗、白梗之分。叶柄颜色淡绿的叫作青梗，叶柄颜色近似白色的叫作白梗。两者的差别在于：白梗味清淡，青梗味浓郁。

（2）芹菜（图4-3）。芹菜有四个类型：青芹、黄心芹、白芹和西芹，青芹香味浓，绿翠；黄心芹香味也比较浓，黄嫩；白芹香味淡，口感不佳；西芹香味淡，口感脆。芹菜以植株平直，色泽鲜绿，叶柄厚，根部颜色干净，有芹菜独特的味道，以及叶子无发黄，打蔫，不平整的为好。

图4-3　芹菜

（3）菠菜。菠菜通常分为小叶种和大叶种，从10月至翌年4月历时半年均有菠菜上市，早秋菠菜有涩味（草酸含量高），晚春多抽薹。一般以冬至（12月下旬）到立春（2月上旬）为最佳消费期。以叶柄短、根小色红、叶色深绿最佳。叶色泛红，表示经受霜冻锻炼，吃口更为软糯香甜。要尽量避免菠菜叶子上有黄斑，叶背有灰毛的，这种通常为染病品种。

（4）莴笋。优质的莴笋从感官上看，形状粗短，光泽好，表面无锈色，整洁干净。叶片新鲜不黄，不烂，根部皮薄，质脆。有莴笋的清香气味，入口清爽香脆。

4. 葱蒜类蔬菜的选购

（1）洋葱。应挑选外层干爽，黄色或紫红的洋葱，色泽鲜明，外表光滑，无损伤和病虫害；颈部小，无发芽；用手捏住感觉紧实。有洋葱辛辣的香气，切开时气味冲鼻，具有洋葱固有的甜味和刺激性的口感者为佳。

（2）韭菜。韭菜颜色带有正常光泽，根部呈白色，用手抓时叶片不会下垂，且韭菜叶整齐，无黄变，无虫眼儿的为好。按叶片宽窄来分，有宽叶和窄叶，宽叶韭菜香味清淡，窄叶韭菜香味浓郁。喜欢吃韭菜的人，以窄叶韭菜为首选。

要注意，叶片宽大异常的韭菜要慎买，因为栽培时有可能使用了生长激素。

5. 茄果类蔬菜的选购

（1）茄子。茄子一般是紫红色和淡红色两种。判断茄子老嫩的可靠方法是看茄子的眼睛"大小"。在茄子的萼片与果实连接的地方，有一白色略带淡绿色的带状环，菜农管它叫茄子的"眼睛"。眼睛越大，表示茄子越嫩，眼睛越小，表示茄子越老。而且一般比较老的茄子表皮都比较硬，在挑选的时候要选择颜色有光泽的，这样的茄子是比较嫩的。茄子的最佳消费期为5~6月。

（2）番茄。番茄通常是两种，一种是大红番茄，糖、酸含量都高，味浓；另一种是粉红番茄，糖、酸含量都低，味淡。选购番茄时，首先要确定是要生吃还是熟吃。如果要生吃，当然买粉红的，因为这种番茄酸味淡，生吃较好；要熟吃，就应尽可能的买大红番茄。这种番茄味浓郁，烧汤和炒食风味都好。

（3）辣椒。辣椒应挑选颜色碧绿，光亮润泽，无破损，无腐烂点，手感挺实有弹性的新鲜青辣椒。选购红辣椒时，应挑选颜色深红，光亮润泽，干爽，有弹性，无白斑，无杂质的；购买甜椒时，挑选色泽鲜艳，果肉厚实，蒂根碴口新鲜的。尖辣椒辣的多，果肉越薄，辣味越重。柿子形的圆椒多为甜椒，果肉越厚越甜脆，半辣味椒则介于两者之间。

6. 瓜类蔬菜的选购

（1）冬瓜。冬瓜一般分为青皮、黑皮、白皮三个类型。黑皮的冬瓜肉厚，可食率高；白皮的冬瓜肉薄，质松，易入味；青皮的冬瓜则介于两者之间。选购时通常黑皮冬瓜是最好的选择。冬瓜以瓜身周正、尖挺、有全白霜、无瘢痕畸形、肉厚的为好。优质的冬瓜，色泽发亮，表皮颜色呈翠绿色，表皮较硬，无磕伤、虫蛀；瓜肉颜色洁白，种子呈黄褐色有冬瓜正常的香气味，口感爽滑。用手指压冬瓜果肉，尽量挑选肉质致密；最佳消费期为7—8月盛夏季节。

（2）苦瓜。苦瓜身上的果瘤是判断苦瓜好坏的标准，果瘤颗粒越大越饱满，表示瓜肉越厚，颗粒越小，瓜肉相对较薄，选苦瓜除了要挑果瘤大，果形直立的，还要挑外观碧绿漂亮的，外表呈青色的太嫩，呈黄色的已颜色发灰的是几天没卖完的陈瓜。从蒂把上也可以分辨出苦瓜是否新鲜，蒂把有汁液的新鲜，发枯变黑的一定是陈瓜。

（3）丝瓜（图4-4）。丝瓜要挑硬的买，新鲜的丝瓜总是硬的，而新鲜程度差的丝瓜，就会由于失水而变得疲软。瓜条匀称，瓜身白茸毛完整，表示瓜嫩而新鲜，不要买大肚瓜，肚大的籽多钩状瓜削皮难，即使便宜也不可取。

图4-4　丝瓜

（4）黄瓜。黄瓜要选嫩的，最好是带花的（花冠残存于脐部）。黄瓜含水量高达96.2%，新鲜瓜条总是硬的，失水后才变软。但把变软的黄瓜浸在水里就会复水变硬。只是瓜脐部还有些软，且瓜面无光泽，残留的花冠多已不复存在，购买时很容易识别。

7. 薯芋类蔬菜的选购

（1）马铃薯。马铃薯的果肉按照颜色分为有黄色和白色两种，口感有所不同，白色的略带甜味，黄色的吃起来比较粉。一般来说以个头中扁大，形整均匀，质地坚硬，皮面光滑、皮不过厚，无损伤糙皮、冻伤，无蔫萎现象的为佳。尽量选圆的，没有破皮的，越圆的越好削皮。皮一定要干的，不要有水泡的，不然保存时间短，口感也不好。凡长出嫩芽的土豆已含有毒素，不宜食用。如果发现土豆皮变绿，哪怕是很浅的绿色都不要食用。

（2）生姜。购买生姜时，一定要看清是否经过硫黄"美容"过。生姜一旦被硫黄熏烤过，外表微黄，显得非常白嫩，看上去很好看，而且皮已经脱落掉。

8.多年生蔬菜和杂类蔬菜的选购

（1）竹笋。鲜嫩的竹笋，颜色稍黄，笋肉柔软，竹皮紧贴，外表平滑，底部切口较洁白。将笋提在手里，应是干湿适中，周身无瘪洞，无凹陷，无断裂痕迹。如果笋壳张开翘起，还有一股硫黄气味，则有可能硫黄熏过的。

（2）山药。无论购买什么品种，块茎的表皮是挑选的重点。表皮光洁无异常斑点，才可放心购买。表皮有任何异常斑点，就表示它已经感染病害，食用价值降低了。

（3）蘑菇。市场上销售的蘑菇分为两大类，即鲜菇和干菇。鲜菇多为人工栽培品种，品质较好，选购时挑选干净、无霉斑、无腐烂的即可。干菇是由蘑菇干制而成，购买时应挑选菌根小、菌伞完整，无杂质、无霉变，干爽无杂菇的干菇。

（4）金针菇。金针菇成熟时，边缘皱褶，向上翻卷。菌盖表面有胶质薄皮，湿时有黏性，色纯白、黄白相间或黄褐色不等，野生的金针菇则是黄褐色。菌肉白色，中央厚、边缘薄，菌褶白色或带奶油色，稍密，不等长。

二、食用方法

蔬菜的食用方法主要有熟吃和凉拌生吃两种。有的蔬菜适宜熟吃，有的蔬菜适宜生吃，还有的蔬菜焯一下吃更好。

（一）适宜生吃的蔬菜

适宜生吃的蔬菜主要有白萝卜、水萝卜、番茄、黄瓜、生菜、紫包菜等，生吃时最好选择无公害的绿色蔬菜或有机蔬菜。生吃的方法包括自制蔬菜汁，将新鲜蔬菜适当加点醋、盐、橄榄油等凉拌，切块蘸酱食用等。

（二）需要焯一下的蔬菜

十字花科蔬菜，如青花菜、花椰菜等焯过后口感更好，它们含有的纤维素也更容易消化；菠菜、竹笋、茭白等含草酸较多的蔬菜也最好焯一下，因为草酸在肠道内与钙结合成难吸收的草酸钙，干扰人体对钙的吸收；大头菜等芥菜类蔬菜含有硫代葡萄糖苷，水焯一下，水解后生成挥发性芥子油，味道更好，且能促进消化吸收；马齿苋等野菜焯一下能彻底去除尘土和小虫，还能防止过敏；而莴苣、荸荠等生吃之前也最好削皮、洗净，用水烫一下再吃。

（三）煮熟才能吃的蔬菜

含淀粉的蔬菜，如马铃薯、芋头、山药等必须熟吃，否则其中的淀粉粒不破裂，人体无法消化；含有大量的皂甙和血球凝集素的扁豆和四季豆（图4-5），食用时一定要熟透变色；豆芽无论是凉拌还是烹炒，一定要煮熟吃。新鲜的黄花菜、木耳含有毒素，千万不能吃，吃干木耳时，烹调前宜用温水泡发，泡发后仍然紧缩在一起的部分不要吃；干黄花菜用冷水发制较好。

图4-5 四季豆

（四）生熟搭配吃最好

生吃和熟吃互相搭配，对身体更有益处。如萝卜种类繁多，生吃以汁多辣味少者为好，但其属于凉性食物，阴虚体质者还是熟吃为宜。有的食物生吃或熟吃摄取的营养成分不同，比如番茄中含有能降低患前列腺癌和肝癌的番茄红素，要想摄取就应该熟吃；但如果想摄取维生素C，生吃的效果会更好，因为维生素C在烹调过程中易流失。

第五章　典型实例

　　生产和经营设施蔬菜的管理者利用学到的农业生产技术和经营管理经验，积极从事设施蔬菜产业的开发，成为当地设施蔬菜产业的龙头企业或带头人，辐射和带动了周边农户的蔬菜种植，推动了蔬菜产业的发展，促进了农业经济的增长。

一、杭州萧山舒兰农业有限公司

（一）生产基地

杭州萧山舒兰农业有限公司成立于1999年，注册资金1000万元。公司基地位于萧山农业对外综合开发区（浙江省现代农业园区核心区块），是一家以绿色蔬菜生产、保鲜、加工、配送产业化为特征的杭州市农业龙头企业。现拥有蔬菜种植基地2150亩。其生产过程包括从整地、播种、施肥、浇水、喷药和收获等各个环节都按照国家绿色食品标准生产，实施标准化的管理技术措施，从产品采收、包装、运输、贮藏等各个环节都严格按照"GAP良好农业规范"中的质量管理手册中的相关条例执行。

2011年基地被列入全国设施农业装备与技术示范单位、全国绿色食品示范企业。2013年，公司为蔬菜添加上了追溯二维码，成为杭州唯一一家参展食品安全展的农业企业。2016年公司被列入G20杭州峰会蔬菜供应基地。

1. 蔬菜育苗中心
2. 常温仓库
3. 叶菜生产基地
4. 新建蔬菜加工厂房
5. 秸秆处理中心

（二）产品介绍

为了提高产品的品质和质量，公司增施大量有机肥，平均每亩施有机肥达 3 000~4 000 千克，并严格控制有害农业投入品使用。产品合格率达 100％。通过公司的层层严格把关，从而确保了产品安全性、优质性、营养性。"尚舒兰"牌生鲜蔬菜，生长于网纱大棚内，使得虫子很难对蔬菜造成为害，大大减少了农药的使用次数。基地生产的萝卜、大白菜、辣椒等 8 种主导产品被认定为国家 A 级绿色食品，"尚舒兰"牌生鲜蔬菜连续 15 年经农业部农产品质量监督检验测试中心测试，符合无公害食品要求。"尚舒兰"生鲜蔬菜被认定为浙江省名

牌产品，"尚舒兰"商标被评为浙江省著名商标，并多次荣获浙江省农博会"金奖"。

公司在杭州联华华商集团所属门店开设绿色专柜38家，并在万寿亭农贸市场、萧山区萧然东路、金惠路、湘湖等地建立专卖店4家，2018年全年实现销售收入8 650万元。

（三）责任人简介

尚舒兰，1966年6月生，河南太康人，高中学历，高级农民技师。1994年在萧山农业对外综合开发区（围垦16工段）创办舒兰农场，1999年更名舒兰农业有限公司，系公司法人，从事农业种养加工产业化经营，扎根在围垦滩涂创业的尚舒兰亲自参加蔬菜生产实践，并坚持参加技术培训和自我学习，先后获得浙江省劳动模范，全国劳动模范，全国"三八"红旗手，全国十大农民女状元等荣誉称号，成为浙江省第八届、第九届、第十一届、第十二届人大代表，杭州市萧山区第十四届、第十五届人大代表，享受杭州市政府特殊津贴。

联 系 人：沈玉兴

联系电话：139 0671 7668

专家点评

杭州萧山舒兰农业有限公司是一家以绿色蔬菜生产，保鲜，加工，配送，产业化为特征的农业公司，拥有种植基地2 150亩，其生产过程严格按照国家绿色食品生产标准，执行GAP良好农业管理规范，多个产品被认定为国家A级绿色食品，优质新鲜的蔬菜深受消费者喜爱。"尚舒兰"商标为浙江省著名商标。

二、杭州大展农业开发有限公司

（一）生产基地

杭州大展农业开发有限公司成立于2010年，以蔬菜产、加、销一体化和集约化育苗服务为主业，是杭州市重点农业龙头企业。

公司现有蔬菜种植基地1 200亩，其中杭州市常年性"菜篮子"蔬菜基地560亩，市级叶菜生产功能区130亩。生产基地位于萧山南阳街道围垦四工段，紧邻钱塘江，交通便利，环境洁净。基地严格按照绿色安全标准化技术进行生产管理，应用商品有机肥，推行水肥一体化，根据作物不同生育期需肥特点科学施肥；采用水旱轮作、合理间套作及轻简化栽培模式，应用昆虫病原线虫，性诱剂诱捕，种植蜜源植物、库源植物等生态工程技术，以及科学使用高效低毒低残留农药应急防控等病虫害绿色防控集成技术，确保农业生产安全、农业生态安全、农产品质量安全。

公司在萧山区南阳街道建有大型蔬菜集约化育苗中心，建成育苗温室连栋大棚12 000平方米，引进意大利全自动播种流水线，引入

智慧农业控制系统，种苗生产实现全程自动化，可为广大种植户周年提供蔬菜育苗服务。

　　随着生产规模的发展壮大，公司加强与省内外科研院校、农业推广部门合作，引进新品种、新技术、新农资、新机械、新模式进行研发、试验、示范等，开展了卓有成效的工作，取得显著的社会、生态效益。公司现已通过 GAP 认证，2017 年，被认定为杭州市美丽田园示范基地，2018 年被评为浙江省农业机器换人示范基地。企业还被列入萧山区现代农业蔬菜示范园，还获得了"热心慈善企业""优胜农业企业""萧山十佳蔬菜基地""全国基层农技推广科技示范户"等一系列荣誉。

（二）产品介绍

2018年，公司生产萝卜、大葱、花菜、甘蓝、黄瓜、鲜食大豆及虾、鱼水产品等7 000余吨。培育各类蔬菜种苗2 000万株，服务农户达160多户，可供种植面积8 000多亩。公司积极建立农产品质量可追溯体系，积极实施品牌战略，"大展"牌萝卜、黄瓜等主要产品获得了无公害产品认证，并多次获得"优质精品蔬果奖"。

（三）责任人简介

姚建芳，男，1971 年 6 月生，浙江杭州人，中共党员，大专学历，农民高级技师。2010 年开始从事农业经营，多次参加市级和省内外组织的新型职业农民培训和适用技术培训等，现任杭州大展农业开发有限公司总经理。多次获得各级政府表彰奖励。连续多年被各级政府命名为"青年星火带头人""萧山区首届十佳农村创业青年""杭州市十佳农村青年兴业带头人""全国农村青年致富带头人"和"优秀种植标兵"等荣誉称号。

联 系 人：姚建芳

联系电话：139 6710 2567

专家点评

杭州大展农业开发有限公司集蔬菜种植、蔬菜集约化育苗和蔬菜加工销售于一体，现有种植基地 1 200 多亩，育苗温室连栋大棚 12 000 平方米和 5 000 平方米蔬菜加工车间。充分应用现代农业生产技术，形成一整套产、供、销服务体系，为农民提供产前，产中，产后一条龙服务体系，带动农民致富。

三、杭州良渚麟海蔬果专业合作社

（一）生产基地

杭州良渚麟海蔬果专业合作社位于"中华文明之光—良渚文化"发祥地的良渚，合作社注册资金500万元，员工166名，技术人员8名，现已规模流转土地1986亩，蔬菜基地搭建标准化蔬菜设施大棚860亩，装置绿色防控所需防虫网600平方米，铺设喷滴灌设施860亩，修建现代化肥水一体化设施3座，修建蔬果分拣车间1586平方米，建设蔬果冷藏冷库360平方米，每天上市供应的叶菜量在20吨左右，产出绿色无公害蔬菜7200吨，总产值3700余万元。

合作社近几年累计投资2860万元，实现部分种植基地全方位农业物联网铺设，让广大消费者可以手指动动手机就可以直播合作社每日农事生产作业过程，并与杭州世纪联华超市实现常年"农超对接"，使基地所产蔬果在160多家门店同时销售，并在杭州农副产品物流中心开设批发窗口，承接杭城各商家蔬果批发业务。同时，合作社还在余杭临平、下城灯芯巷、万寿亭等大型居民社区共设有6家直销门店，直接面对消费人群。同时，还利用电子商务平台开设网店、微店，提供便捷的蔬果宅送服务。合作社先后获得"农业部国家级示范化合作

社""浙江省放心菜园""浙江省现代科技示范基地""杭州市菜篮子基地""余杭区示范农业园区"等称号。

（二）产品介绍

合作社坚持以绿色防控为基础，引进了先进的检测仪器和设备，建立起蔬果种植生产全过程的追溯体系，严格采用国家标准种植，并经过专业技术人员运用检测仪器对蔬果食用安全性进行检测，基地内部实行全方位互联网监控，并与市场实现信息对接和共享，不断进行"优质、高效、可持续"科学创新。合作社产品不断地进行品牌化销售，现已注册"麟海蔬果"商标，并获得"杭州市余杭区知名商标"。截至2018年，合作社已经申请取得青菜、木耳菜、小青菜、丝瓜、苦瓜等绿色食品认证产品5个，

申请取得毛毛菜、鸡毛菜、菠菜等无公害食品认证9个，"麟海菜园"获得浙江精品果蔬展销会金奖。

（三）责任人简介

何林海，男，1978年9月生，浙江杭州人，大专文化，九三学社会员，农民高级技师，现任杭州良渚麟海蔬果专业合作社理事长。从事蔬菜生产、销售16年，2011年成立杭州良渚麟海蔬果专业合作社，吸纳当地农民工160余名，带动周边蔬菜专业户110户，面积2000余亩。注重"三新"技术推广，先后实施"蔬菜肥水一体化灌溉技术""蔬菜绿色防控技术""黄火青小白菜引种推广"等省、市新技术新品种科研推广项目10余项，有力保障了杭城菜篮子安全。

先后获"余杭区现代农业标兵""余杭区第三届十佳农村实用人才""余杭区劳动模范""最美杭州人—优秀农村青年致富带头人""乡村丰收人物"等荣誉，享受杭州市政府特殊津贴。

联 系 人：何林海
联系电话：130 7362 1610

专家点评

杭州良渚麟海蔬果专业合作社注重技术推广和应用，建设标准化设施蔬菜大棚、防虫网等设施，采用喷滴肥水一体化灌溉、绿色防控、农业物联网等技术。合作社获"农业部国家级示范合作社""浙江省放心菜园""浙江省现代科技示范基地"等荣誉称号。并已注册"麟海蔬果"商标，"麟海菜园"获得浙江精品果蔬展销会金奖。走出一条"优质、高效、可持续"绿色蔬菜生产路子。

四、杭州临安梅大姐农业开发有限公司

（一）生产基地

杭州临安梅大姐农业开发有限公司位处临安市龙岗镇玉山村，地处清凉峰国家级自然保护区900米的高海拔夏季冷凉山区，非常适宜无公害高山反季节夏菜生产。公司前身为临安上溪慧琴蔬菜专业合作社，2014年成立临安梅大姐农业开发有限公司，公司核心生产基地300余亩，建有可以防8级台风、抗50厘米积雪的钢化玻璃种植大棚、连栋大棚和单体大棚设施4万余平方米，并拥有冷藏库，农场检测室等配套设施，是省、市、地三级主要的保障性"菜篮子"基地。基地生产采用全地膜覆盖防草技术，用微滴灌解决浇水问题。公司重视与科研院校合作，引进种植"杭茄2010""杭椒12号""胜栗2号""钱江糯3号""墨宝"及羊肚菌等30多个蔬菜新品种，其中，黄瓜、辣椒、番茄、四季豆通过了绿色食品认证。公司所有蔬菜严格按绿色食品相关标准和技术规范规定组织生产、加工和销售，并开放所有生产环节，接受中国绿色食品发展中心组织实施的现场检查和年度检查。

2017年，生产基地被临安市消费者权益保护委员会评选为第11届临安市消费者信得过的单位。

（二）产品介绍

公司创建"梅大姐"品牌，生产过程严格执行NY/T393-2013和NY/T 394-2013，规范化肥、农药的施用，2011年通过无公害农产品产地和无公害农产品产品认证，2017年通过绿色食品认证，建有完整的二维码追溯体系，并将其很好的运用到每一份蔬菜上，让每一份蔬菜拥有自己的身份证，标明该蔬菜的种植情况、施肥情况和病虫害防治情况。"梅大姐"牌番茄荣获2017年浙江精品果蔬展销会金奖，"梅大姐"牌樱桃番茄、水果黄瓜被评选为2017年浙江精品果蔬展销

会杭州市民最喜爱的鲜食果蔬;"梅大姐"牌杭椒在2018年浙江省知名品牌农产品展示展销会时令农产品评选中荣获金奖;2018年被评为杭州市名牌产品。2016年,公司生产基地被列入G20杭州峰会蔬菜供应基地。

(三)责任人简介

梅慧琴,女,1967年9月生,浙江临安人,大专学历,中共党员。先后任临安上溪慧琴蔬菜专业合作社社长、临安梅大姐农业开发有限公司总经理、临安市梅大姐家庭农场负责人。1983年从事蔬菜生产,曾参加中央广播电视大学农林牧渔类林业技术专业学习,是杭州劳动模范,2017年被评为杭州市临安区首届新农村建设带头人天目"金牛奖",浙江新农村建设带头人"金牛奖"。

联 系 人:梅慧琴

联系电话:130 8396 8003

专家点评

杭州梅大姐农业开发有限公司充分利用独特的环境、气候条件,按照绿色食品标准,运用科学实用技术,"苦心经营、匠心种植、诚心销售",打造出生态、高效、质优的"梅大姐"品牌蔬菜,赢得了社会的认可。

五、苍南县直升蔬菜种植专业合作社

（一）生产基地

苍南县直升蔬菜种植专业合作社成立于 2009 年 7 月，现有固定工人 30 多人，其核心基地位于苍南县龙港镇凤浦村，面积 350 亩，是苍南县首批"苍农一品"标准化生产示范基地，也是一家集种苗繁育、蔬菜生产和销售为一体的现代化农业企业。

近年来，合作社相继投资建成了智能化肥水控制中心、嫁接育苗中心、分拣包装车间、农残检测室以及培训室等一系列比较完备的现代化蔬菜生产配套设施，技术上紧紧依托中国农业科学院、浙江大学、南京农业大学等国内农业重点科研院所，分别承担了国家重点研发计划"全国设施蔬菜化肥农药减施增效技术集成示范推广""园艺作物标准园创建"及浙江省"番茄富民强县""浙江省经特作物提质增效新技术示范"等多项省部级以上重点科研项目，成功承办了"2015年全省菜稻轮作现场观摩会"和"2018年全国设施蔬菜化肥农药减施增效技术集成示范现场会"，建立了中国农业科学院蔬菜花卉研究所、浙江省农业科学院等三个专家工作站和一套严格的农产品质量安全追

溯制度，形成了一套独具特色的农场"六统一"管理模式（即统一选种育苗、统一投入品供应、统一技术标准、统一质量检测、统一品牌标识、统一包装销售），有效确保了所生产的农产品安全可靠。

（二）产品介绍

合作社以"设施蔬菜标准化生产技术"为基础，坚持"绿色、高质、高效"的发展理念，携手中国农业科学院、浙江大学和浙江省农业科学院等科研院校，并在专家的指导下，专心番茄生产和促进产品升级换代。目前，合作社300亩基地已通过浙江公信认证有限公司开展的中国良好农业规范认证（GAP），并已注册"沁清鲜"商标，坚持走品牌化营销之路。合作社所生产的番茄深受杭州、义乌等地客商青睐与肯定，并已相互建立了长期合作伙伴关系。目前，合作社选送的

"沁清鲜"牌家乡原味3号番茄新品种在浙江省农业技术推广中心与浙江省蔬菜瓜果产业协会联合举办的"2019浙江精品番茄"评选活动中获得"金奖番茄"称号。

（三）责任人简介

朱直升，男，1971年7月生，浙江苍南人，于2009年创办苍南县直升蔬菜种植专业合作社，主要从事蔬菜种苗繁育、种植及销售等工作。现为苍南县直升蔬菜种植专业合作社理事长兼苍南县番茄产业协会会长，首届苍南县十佳农民，浙江省第一、第二届农业产业技术创新与推广服务团队果菜类产品组乡土专家。

联 系 人：朱直升

联系电话：187 5705 6628

专家点评

苍南县直升蔬菜种植专业合作社是苍南县首批"苍农一品"标准化生产示范单位，技术上紧紧依托中国农科院、浙江大学和南京农大等国内农业重点科研院所，坚持"绿色、高质、高效"发展理念，坚持走品牌化营销之路，建立了严格的"六统一"管理模式和农产品安全追溯制度，生产的"沁清鲜"牌番茄果型端正，色泽靓丽，质量上乘，深受各地客商青睐。

六、嘉兴市嘉心菜农业发展集团有限公司

（一）生产基地

嘉兴市嘉心菜农业发展集团有限公司蔬菜生产基地现建成大棚设施面积3 000多亩，喷滴灌设施面积4 800亩，生态湿地面积500亩，并开展品牌营销、体验服务，探索生态有机农业全产业链的建设。

基地蔬菜生产推广景观调控技术，在道路旁种植银杏、香根草、六道木、芝麻等植物，引天敌、驱害虫；推广监测防控技术，采用性诱、灯诱、色诱、赶蛾和查卵等监测害虫动态，预报目标有害生物的发生动态和流行趋势；推广生物防治技术，释放丽蚜小蜂防治粉虱，异色瓢虫防治蚜虫，以及生物制剂品的应用；推广物理防控技术，大棚设施全面配制防虫网设施，安装了频振式杀虫灯、投入性诱捕器，以及黄板和食诱板等。同时，采用机械翻耕灭草、以水压草、复盖控草、机械打草和人工拔草等措施。

　　基地建立了农业 ERP 信息管理系统，严格执行国家有机标准实施有机蔬菜标准化生产，推行企业质量标准、技术标准、成本标准，实行农产品质量全程控制与溯源。推广作物健身栽培技术，种植紫云英、田菁作物和秸秆还田改良土壤、培育地力，每年对土壤结构及肥力进行检测，制订科学的施肥技术方案。积极推广良种，水旱轮作，间作套种，适当稀植，施用生物有机肥料等。推广生态治水及节水灌溉技术，在蔬菜生产区建立了隔离可控的内循环水系，收集自然雨水及生产回水并放养生态渔类净化水质，利用生态植物净化处理水质，喷滴灌节水灌溉。建立废弃物处理中心，将园区内产生的作物秸秆和蔬菜残叶等废弃物经加工处理后，加入收集的牛羊粪、酒糟、菜籽饼等废弃物，以及专用有益生物菌种，自制生物有机肥。同时，集中回收处理农业投入品包装物，做好河道保洁和园区环境整洁，并大力推广农业机械化，节本增效。基地被列入"省级生态循环农业示范区建设，被授予"浙江大学农作物健康生态工程示范基地""南京农业大学有机栽培土壤培育示范基地""中国地质调查局土地质量研究示范基地"。

（二）产品介绍

　　基地主要产品有机蔬菜，获得与欧盟互认的"南京国环"有机产

品认证中心认证的有机蔬菜产品80多个品种，日均上市品种40个以上，并有加工净菜等产品供应，产品品种丰富、品质保障，是历届世界互联网大会和2016年G20杭州峰会会务用菜。基地借助现代互联网信息化及冷链配送系统，实现用户定制生产（用户在线上随时进行点菜后即时车间组单）宅配到家的服务；基地以农业为依托，将农业生产、农产品加工和农业观光体验等相结合，让消费者察看种苗培育、生产栽培、产品加工等现场，以及水质净化、土壤培育、生物有机肥生产、病虫草防控等实景，积极推进园区蔬果采摘、农事体验、农业科技展示、科普教育等，丰富园区农业体验式活动，扩大品牌的影响力。

（三）责任人简介

魏安民，男，1971年生，湖北石堰人，中共党员，大学学历，具有10多年的有机蔬菜生产管理的经验。现为嘉心菜农业发展集团农业生产事业部副总监。

联 系 人：魏安民

联系电话：135 8729 2300

七、湖州吴兴金农生态农业发展有限公司

（一）生产基地

湖州吴兴金农生态农业发展有限公司成立于2007年10月，由责任农技人员施星仁与当地工商资本相结合组成的股份合作公司，注册资金300万元，在湖州市吴兴区八里店省级现代农业综合区万亩瓜果蔬菜示范区建设"吴兴金农瓜果蔬菜精品园"850亩。其中设施栽培面积560亩，露地栽培面积290亩。

生产基地始终坚持"依靠科技，致力于生产市场需要的优质农产品"管理理念，大力发展"设施型标准化、高效、可持续"的现代农业。多年来，在浙江大学汪炳良教授团队的合作支持下，制定湖州市地方标准规范（DB 3305/T28-2016《无公害南方型哈密瓜栽培技术操作规程》等4个，浙江省级地方标准《樱桃番茄设施栽培技术规范》1个，申请国家实用技术与发明专利22项。生产基地获浙江省现代农业科技示范基地、浙江大学现代农业综合试验示范基地、浙江大学农业硕士专业学位研究生实践基地、浙江大学园艺系本科生大学生实实践基地、浙江省引智基地、湖州市现代农业科技示范基地、湖州农民

学院教学实践基地、浙江省诚信企业、湖州市"小微企业之星"等10
多个称号。

　　公司被浙江省科技厅认定为"浙江省农业科技型企业""农业企业
研发中心""湖州市瓜果蔬菜育繁推一体化三星级企业",建立了院士
专家工作站、博士后流动工作站等3个创新团队。每年培训与现场指
导10多批次,受训人员达到500人次以上,每年接受来自全国各地
技术咨询300多次。

（二）产品介绍

基地坚持以"设施型标准化栽培技术"为基础，不断进行"优质、高效、可持续"科学创新。公司注册"金农之星""番之语""金小番"等5个商标，申请取得番茄等绿色食品认证6个，"金农之星"牌樱桃番茄获得湖州市名牌产品，浙江省名牌农产品；"金农之星"牌甜瓜多次获得浙江省精品西甜瓜金奖，湖州市名牌产品，湖州市政府质量奖产品；"金农之星"牌草莓获得湖州市"最受消费者欢迎十佳产品"，浙江省精品草莓金奖等多个荣誉称号。

（三）责任人简介

施星仁，男，1971年3月生，浙江吴兴人，大专学历，农艺师。2007年以农技人员从事农业产业化方式留职停薪，创办湖州吴兴金农生态农业发展有限公司，建立生产示范基地，从事瓜果蔬菜推广示范、产业化发展。先后到日本福井县、以色列等地学习水肥一体化先进管理技术等，曾参与多个园区的建设。曾荣获湖州市级、浙江省级、国家级优秀科技特派员，湖州市"十佳优秀青年"荣誉称号。现为公司法人总经理，吴兴区水果番茄农合联会长、浙江省蔬菜产业技术创新与推广服务团队专家、浙江大学合作湖州蔬菜产业联盟地方专家等。

联 系 人：施星仁

联系电话：138 5726 6110

专家点评

湖州吴兴金农生态农业发展有限公司以樱桃番茄、甜瓜、叶菜为主导产品，不仅着力于规模化种植、标准化生产、商品化处理、品牌化销售、产业化经营，而且通过优质种苗培育、农事服务、实地指导培训等方式服务周边蔬菜生产企业、专业大户。公司负责人具有现代农业的国际视野，是我国首届"新农人奖"获得者，基地成为浙江省乃至全国新型职业农民培训基地。

八、金华市然兰蔬菜专业合作社

（一）生产基地

金华市然兰蔬菜专业合作社位于婺城区长山乡第一良种场，成立于2007年，入社社员50户。合作社现有种植面积500亩，主要种植马兰头、甘薯叶、芹菜等叶菜类蔬菜，拥有单体钢架大棚400亩、玻璃温室34 403平方米、产品分级包装场地1 500平方米，铺设喷滴灌设施320亩，并建有生产设施用房、社员培训中心、肥水一体化设施、农产品农药残留检测室等。合作社始终以保障蔬菜质量安全作为发展的生命线，引进了检测仪器和设备，建立完善生产档案、上市产品自检制度和质量追溯系统，在基地内部实行全方位互联网监控。近年来，合作社基地运用夏季土壤火焰消毒、高温土壤覆膜消毒、穴盘育苗、沼液施用、水肥一体化灌溉等先进适用技术，确保蔬菜质量安全全程可追溯。

合作社蔬菜生产基地是农业部蔬菜标准园、浙江省特色农业精品园、浙江省现代农业科技示范基地、浙江省"放心菜园"示范基地、金华市首批放心农产品示范基地、婺城区特色蔬菜基地，也是金华市保障型蔬菜基地之一。合作社被评为金华市规范化二星级农民专业合作社。

（二）产品介绍

　　合作社以确保质量安全为首要任务，在蔬菜生产环节上严格执行绿色食品生产操作规程，建立科学的生产模式，并注册了"然兰"商标，实现了统一生产标准、统一品种、统一技术培训、统一农资供应、统一销售、统一分配结算的"六统一"运行模式。2013年，基地生产的"然兰"牌甘薯叶、马兰头、小白菜被中国绿色食品发展中心认定为绿色食品，经部、市、区连续检测与抽检，蔬菜质量合格率达100%。"然兰"商标2015年被评为金华市著名商标，2018年被评为金华市名牌商标。

（三）责任人简介

盛福建，男，1969年4月生，浙江金华人，中共党员，中专学历，助理农艺师。1997年从事农业生产，多次参加省市级农民专业化培训和农业生产技术培训，2007年成立金华市然兰蔬菜专业合作社。

联 系 人：盛福建

联系电话：134 8693 3298

金华市然兰蔬菜专业合作社工作重点定位在服务社员、强化带动、提高效益上，以质量安全为首要任务，在蔬菜生产环节上严格按照绿色食品生产操作规程进行生产，建立科学的生产模式，以统一生产标准、统一品种、统一技术培训、统一农资供应、统一销售、统一分配结算的"六统一"运行模式。带动周边农户100余户，覆盖农户比例达到75%以上。蔬菜产品质量100%达到绿色食品标准。

九、温岭市泽国肖健康果蔬园

（一）生产基地

温岭市泽国肖健康果蔬园创建于 2006 年 1 月，位于浙江省温岭市泽国镇夹屿村。建有果蔬生产基地 2 个，其中常年果蔬基地 515 亩，联结基地 550 亩，在台州市内 10 多个蔬菜批发市场建立销售网点，开展农超对接，带动农户 306 户。2014 年建成温岭市特色果蔬精品园，精品园全部采用钢架大棚、穴盘育苗、测土配方、自动喷淋系统、膜下滴管技术，有利于提升果蔬开展标准化、生态化的种植，为推广设施栽培标准化生产起到示范作用，直接带动温岭市果蔬生产产业带的形成，在温岭市推进农业产业化经营中起带头示范作用。

基地始终坚持农产品质量安全工作是重中之重的工作，以生产无公害为宗旨，严格执行中华人民共和国农业行业标准化标准，在自然

条件下，实施绿色、生态、标准化种植，创建物防技术，坚持绿色生产理念。2018年被评为温岭市优秀农业龙头企业、台州市农业龙头企业，2010—2018年连续9年被评为保障型蔬菜基地第一名，现为温岭市蔬菜行业协会副会长单位。

（二）产品介绍

企业注册了"肖氏果蔬"牌商标。基地主要种植浙江省农科院蔬菜研究所选育的"浙樱粉1号"樱桃番茄。该品种果实颜色粉红，着色一致，商品性佳，糖度9%以上，糖酸比合理，酸甜适口，鲜味十足。单果重18克左右，连续坐果能力强，易实现

高产稳产，具有单性结实特性，栽培中可不用人工激素点花，省工省力效果明显。"浙樱粉1号"与传统的千禧小番茄相比，口感更软糯。2017年"肖氏果蔬"被评为温岭市名牌农产品。

（三）负责人简介

　　肖文铎，男，1991年10月生，浙江温岭人，本科学历，中共党员，农民技师。2011年投身于农业种植工作至今，一直专注于高品质樱桃番茄种植，其生产樱桃番茄成为省内标杆。被评为台州市青春工匠人才库优秀青年人才，温岭市十佳新型职业农民。现为温岭市第十四届政协委员、温岭市名特优产品行业协会副会长。

　　联 系 人：肖文铎
　　联系电话：138 6766 3910

　　泽国肖健康果蔬园能够在温岭脱颖而出，并不在于它的规模有多大，也不在于它的设施有多高大上，主要在于"一辈子只做一件事"的工匠精神。泽国肖健康种植番茄已经20年，合理规划，设施水平高，优势产品（樱桃番茄）种植技术含量高，效益复合与轮作（蔗菜轮作）种植模式先进，符合浙江省"放心菜园"的基地建设标准。

参考文献

陈秀香, 胡久义, 任玉国. 2016. 设施蔬菜栽培实用技术[M]. 北京: 中国农业科学技术出版社.

程智慧. 2010. 蔬菜栽培学各论[M]. 北京: 科学出版社.

胡美华, 苏英京, 王高林, 等. 2015. 浙江省瓜菜集约化育苗现状、存在问题及发展对策 [J]. 浙江农业科学, 56 (5): 655-658, 661.

李玉振, 王玉新, 井润梓. 2015. 设施蔬菜栽培技术与经营管理[M]. 北京: 中国农业科学技术出版社.

马利允, 王开云. 2014. 设施蔬菜栽培技术[M]. 北京: 中国农业科学技术出版社.

隋好林, 王淑芬. 2018. 设施蔬菜水肥一体化栽培技术[M]. 北京: 中国农业科学技术出版社.

王建书, 孟艳玲, 高彦魁, 等. 2010. 蔬菜设施栽培技术[M]. 北京: 中国社会出版社.

汪炳良. 2000. 南方大棚蔬菜生产技术大全[M]. 北京: 中国农业出版社.

杨新琴. 2012. 蔬菜生产知识读本 [M]. 杭州: 浙江科学技术出版社.

杨重卫. 2016. 蔬菜园艺工[M]. 南昌: 江西科学技术出版社.

尹守恒. 2013. 蔬菜园艺工[M]. 郑州: 中原农民出版社.

张强. 2009. 蔬菜栽培技术[M]. 沈阳: 东北大学出版社.

张晓丽, 焦伯臣. 2016. 设施蔬菜栽培与管理[M]. 北京: 中国农业科学技术出版社.

赵建阳. 2008. 蔬菜标准化生产技术 [M]. 杭州: 浙江科学技术出版社.

后　记

　　《设施蔬菜》经过筹划、编撰、审稿、定稿，现在终于出版了。

　　《设施蔬菜》从筹划到出版历时近一年时间，经数次修改完善，最终定稿。在编撰过程中，得到了浙江省农学会相关专家的大力帮助，特别是浙江大学汪炳良教授、浙江省农业技术推广中心蔬菜科科长、蔬菜首席专家杨新琴研究员、蔬菜专家胡美华推广研究员在百忙之中对书稿进行了仔细的审阅和修改，浙江省有关设施蔬菜生产经营企业提供了部分资料，在此表示衷心的感谢！

　　因水平和经验有限，书中肯定存在瑕疵，敬请读者批评指正。